用于国家职业技能鉴定

国家职业资格培训教程

YONGYU GUOJIA ZHIYE JINENG JIANDING

GUOJIA ZHIYE ZIGE PEIXUN JIAOCHENG

调酒师

（中级）

第2版

编审委员会

主　任　刘　康

副主任　张亚男

委　员　杨　真　陈　昕　匡家庆　李永平　陈　蕾　张　伟

编审人员

主　编　杨　真　陈　昕

编　者　杨　真　陈　昕　匡家庆　李永平　李华佳　牛长勇　刘　丹　司　伟　韩　珂　张　伟　张京鹏　菜宏盛　赵　洋　龚威威　李　畲　莫永杰　李秀娟　王　永　田　彤

主　审　战吉宬

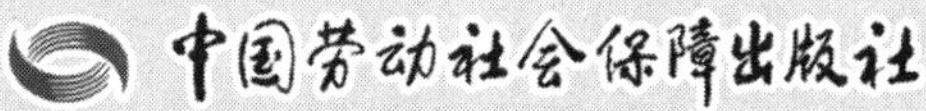

中国劳动社会保障出版社

图书在版编目(CIP)数据

调酒师：中级/中国就业培训技术指导中心组织编写．—2版．—北京：中国劳动社会保障出版社，2013

国家职业资格培训教程

ISBN 978-7-5167-0537-7

Ⅰ.①调… Ⅱ.①中… Ⅲ.①鸡尾酒-配制-技术培训-教材 Ⅳ.①TS972.19

中国版本图书馆CIP数据核字(2013)第226994号

中国劳动社会保障出版社出版发行

（北京市惠新东街1号 邮政编码：100029）

*

北京谊兴印刷有限公司印刷装订 新华书店经销

787毫米×1092毫米 16开本 12印张 207千字

2013年9月第2版 2020年7月第5次印刷

定价：27.00元

读者服务部电话：(010) 64929211/84209101/64921644

营销中心电话：(010) 64962347

出版社网址：http://www.class.com.cn

前　言

为推动调酒师职业培训和职业技能鉴定工作的开展，在调酒师从业人员中推行国家职业资格证书制度，中国就业培训技术指导中心在完成《国家职业技能标准·调酒师》（2010 年修订）（以下简称《标准》）制定工作的基础上，组织参加《标准》编写和审定的专家及其他有关专家，编写了调酒师国家职业资格培训系列教程（第 2 版）。

调酒师国家职业资格培训系列教程（第 2 版）紧贴《标准》要求，内容上体现“以职业活动为导向、以职业能力为核心”的指导思想，突出职业资格培训特色；结构上针对调酒师职业活动领域，按照职业功能模块分级别编写。

调酒师国家职业资格培训系列教程（第 2 版）共包括《调酒师（基础知识）》《调酒师（初级）》《调酒师（中级）》《调酒师（高级）》《调酒师（技师　高级技师）》5 本。《调酒师（基础知识）》内容涵盖《标准》的“基本要求”，是各级别调酒师均需掌握的基础知识；其他各级别教程的章对应于《标准》的“职业功能”，节对应于《标准》的“工作内容”，节中阐述的内容对应于《标准》的“技能要求”和“相关知识”。

本书是调酒师国家职业资格培训系列教程（第 2 版）中的一本，适用于对中级调酒师的职业资格培训，是国家职业技能鉴定推荐辅导用书，也是中级调酒师职业技能鉴定国家题库命题的直接依据。

本书在编写过程中，得到了北京美酒金樽国际文化发展有限公司的大力支持与帮助，在此表示衷心的感谢。

中国就业培训技术指导中心

目　录

CONTENTS　国家职业资格培训教程

第1章

饮料调制与服务

本章详尽讲述了酒水的专业知识，并介绍了鸡尾酒的调制方法和服务方式。鸡尾酒的制作既有共同性，也因为原料和设计的不同有着各自独特的制作方法和服务方式。

第1节　中阶酒水知识

在初阶酒水知识的基础上，通过本章学习，应能充分了解各种酒的发展历史、原料、更加细化的分类及口感特点，以及知名品牌。

学习单元1　发酵酒专业知识

学习目标

➢ 了解发酵酒（Fermented Beverage）的定义及分类

➢ 掌握各类发酵酒的细述

知识要求

一、发酵酒（Fermented Beverage）的定义及分类

1. 发酵酒的定义

发酵酒又称原汁酒或酿造酒，是在含有糖分的原料中加入酵母进行发酵而得到的酒精饮料。发酵酒是人类最早酿造的酒精饮料，有着悠久的历史。这类酒的主要特点是：酒精含量低，绝大多数发酵酒的酒精含量都在15%以下；保持原汁原味，发酵酒的酿造原料大多为谷物或水果，酿成的酒液会带有酿造原料的味道，如啤酒带有大麦芽的香味，葡萄酒带有水果的香味等。

2. 发酵酒的分类

发酵酒按照生产原料可以分为谷物发酵酒、水果发酵酒和其他原料发酵酒三类。

（1）谷物发酵酒

谷物发酵酒是指以大麦、糯米、玉米等谷物为原料经发酵而得到的酒，如啤酒、黄酒等。

（2）水果发酵酒

水果发酵酒是指以植物的果实为原料酿造而成的酒品，以葡萄酒为主要代表。水果发酵酒除了葡萄酒外，还有其他果酒，如苹果酒（Cider）、橙子酒、山楂酒、梅酒等。

（3）其他原料发酵酒

除谷物、水果以外的原料经发酵酿制的酒属于其他原料发酵酒，如以牛奶为原料的奶酒，以蜂蜜为原料的蜜酒等。

二、各类发酵酒的细述

1. 啤酒

啤酒是一种以谷物为主要原料，加入啤酒花发酵制成的带有泡沫和特殊香味的、味道微苦的低酒精含量的饮料。其中以大麦为主要原料所生产的啤酒味道最佳。

（1）啤酒的历史

啤酒是历史上最古老的酒精饮料之一。关于啤酒的传说有很多，人类至今也无法用最科学的手段来鉴定它的出处，但是根据一些历史遗留下来的实物，可以推断啤酒起源于 4 000～6 000 年前的古埃及尼罗河流域。那时候的人们已经开始种植大麦，经常用大麦粒来熬粥，喝不完的剩粥在微生物的作用下变成了麦酒，这是一种自然发酵的浊酒，气味芬芳，这是人们与啤酒最初的接触。金字塔背面刻有酿造啤酒情景的浮雕，至今依稀可辨，显然，那时酿造啤酒的工艺十分简陋。古巴比伦是人类文明发祥地之一，公元前 1800 年制定的汉谟拉比法典是世界上最早的成文法，其中就有关于啤酒的法令。大约在同一时代古波斯的闪米人不仅已能制造啤酒，而且把制法刻在了粘木板上，为的是献给“农耕女神”。巴黎的博物馆里至今还保留着这种记载啤酒制法的文物。

这种酒后来传入了欧洲，并且在欧洲逐渐流行，进而流传到了全世界。各个国家在酿造这种酒的时候，都试图改进它的口味，向酒里加一些诸如椰子、蜂蜜等东西，但结果都不够理想。直到 16 世纪，添加了蛇麻草的啤酒在德国诞生了，这种酒清凉爽口，有一种芬芳的苦味，为全世界的人们所喜爱，这就是现代意义上的啤酒。

（2）啤酒的分类

啤酒是目前世界上最流行的酒精饮料之一。啤酒具有很高的营养价值，含有 17 种人体所必需的氨基酸和 12 种维生素。啤酒不但含有谷物中的营养成分，而且经过糖化、发酵以后，营养价值还有所增加。据测算，1 L 普通的啤酒（含 3.2% 的酒精）产生 425 kcal 的热量，相当于 250 g 面包所产生的热量，因此，啤酒又有“液体面包”的美称。

1）按颜色分类

①淡色啤酒。

②黄色啤酒。酒液淡黄色，香气突出，酒精度为 3～5°。

③白色啤酒。酒液大多为白色，水果香味且略带焦香，酒精度为 1～3°，其主要原料多为小麦。

④浓色啤酒。

⑤黑色啤酒。酒液多呈深红色，且红里透黑，故称黑色啤酒，酒精度一般为 8.5°。

⑥棕色啤酒。棕啤酒的酒液为棕红色或褐色。

2）按麦芽汁浓度分类

①低浓度啤酒。原麦芽汁浓度为 7～8°，酒精含量为 2%左右。

②中浓度啤酒。原麦芽汁浓度为 11～12°，酒精含量为 3.1%～3.8%。

③高浓度啤酒。原麦芽汁浓度为 14～20°，酒精含量为 4.9%～5.6%。

3）按是否经过杀菌处理分类。啤酒的杀菌采用的是“巴氏杀菌法”，即用60～65℃的热水对啤酒进行浸泡或喷淋20～60 min。

①鲜啤酒（未经杀菌）又称生啤。是指生产过程中没经过巴氏杀菌，但符合卫生标准，且口感鲜美，营养价值较高。由于保存时间较短，只适于产地销售。

②熟啤酒（经过杀菌）。是指经过巴氏杀菌的啤酒，这样可防止酵母继续发酵和受微生物的影响，保存时间较长，适于运销。

巴氏消毒法是指将啤酒放在60℃的温度下加温或浸泡1 h。这是一种物理消毒法，由著名的生物学家巴斯德的姓氏命名。

4）按发酵形式分类

①上发酵啤酒。是指在啤酒发酵过程中，酵母上浮，发酵温度较高，同时，因发酵过程中掺进了烧焦的麦芽，所以，产出的啤酒色泽较深，酒体完满充实，品质浓厚，口味较苦带有焦糖味，二氧化碳含量较低，酒精含量相对较高（为4.5%）。主要产地是英国及爱尔兰。爱尔（Ale）是英式上发酵啤酒的总称。以下列举几个上发酵啤酒的典型代表。

a. 司都特啤酒（Stout）。司都特给人的印象是黑啤酒，其实，司都特棕啤酒也十分有名。司都特最大特点是啤酒花用量大，因此酒花香味极浓，主要生产国是爱尔兰和英国。健力仕（Guinness Stout），出自于Guinness公司，这是爱尔兰生产的一种非常著名的啤酒，该公司位于都柏林郡。这种啤酒味感鲜明，与同类啤酒相比苦味更重，酒精含量为4%～7%，在室温下饮用能充分体现其品味，夏季可以冰镇后饮用，也可以兑入香槟饮用，此外还有奶味甜司都特和酒精含量很高的老式司都特啤酒。

b. 跑特啤酒（Porter）。跑特与司都特较相似，但口味淡很多，色泽也不如司都特深沉。此酒最大的特点是泡沫浓而稠，有奶脂感。跑特原为伦敦脚夫所喜爱的啤酒，故人们以英文中的“Porter（脚夫）”相称。

c. 威斯（Weiss）。用小麦芽酿造的德国传统啤酒，并且在包装后进行二次发酵，酒液微稠，酒度为2.5%～3.0%。

②下发酵啤酒的发酵工艺是目前世界各国广泛采用的啤酒酿造工艺，全世界生产的啤酒有95%左右是下发酵型啤酒，这种啤酒酿造过程中温度较低，发酵后期酵母沉淀，生产出的啤酒呈金色，口味较重，富有蛇麻草花香味。日本啤酒多半采用这种方法酿制。另外如美国的淡色啤酒，以及德国的卢云堡（Lowenbrau）啤酒，苦味较淡，酒色浓郁，麦芽味重等，都是采用下发酵法酿造的。拉戈（Lager）是所有下发酵啤酒的总称。下发酵啤酒典型代表有以下几种：

a. 包克啤酒（Bock Beer）是一种特殊酿制的浓质啤酒，许多国家生产的包克啤酒呈深棕色，而德国生产的包克啤酒色泽却较淡。这类啤酒酒体较重，比一般啤酒甜，其生产季节性很强，通常于每年 5 月至秋季生产，一旦产出，须很快上市，不能长久保存。包克啤酒的酒精含量一般低于 6%，通常在室温下饮用或根据需要略加冰镇后饮用。

b. 多特蒙德啤酒（Dortmund）。此酒用酒花较少，酒精含量较高，苦味轻，是颇有代表性的一类啤酒，以德国产为最佳。

c. 慕尼黑啤酒（Munchen）。此酒有浓馥的焦香麦芽味，口味微苦之后有些甜，德国中部慕尼黑地区所产品种最好。

（3）啤酒的品评

鉴别啤酒质量的好坏应从以下几方面来看。

1）从颜色方面看，将啤酒倒入清洁、无色透明的玻璃杯中，观看啤酒的颜色，浅色啤酒颜色淡黄或金黄，清亮、有光泽，不混浊；深色啤酒色泽棕黑，酒中无任何沉淀物。如果酒的颜色暗淡、混浊，酒中有沉淀物，说明酒已变质。

2）从香味来看，啤酒的香味主要是麦芽的清香和酒陈化后的香醇气味，黑色啤酒和棕色啤酒会带有焦煳的气味。如果气味带酸或有异味说明酒已变质，不能饮用。

3）从口味来看，优质啤酒入口香滑、可口、清爽且略带苦味，同时还应带有“杀口”的感觉。因酒精含量低，喝下去没有明显的刺激性。如果酒中带有霉味、酵母味等怪味则不能饮用；如果没有“杀口”的感觉，说明酒中的二氧化碳不足。

4）从泡沫来看，优质啤酒的泡沫应该是洁白、细腻、挂杯、持久。优质啤酒在开启瓶盖时能听到较清脆的爆破声，接着瓶内应有泡沫升起，以刚刚溢出瓶口为佳。开瓶后有泡沫喷涌现象的啤酒不能算是好啤酒。当酒缓缓注入杯中时，泡沫能迅速升起，酒液上的泡沫应保持 4～5 min 再消失，啤酒饮用完毕，酒杯上应留有泡沫残留的痕迹。

（4）啤酒的储藏与服务

1）啤酒属于发酵酒，稳定性较差，如果储存的方法和条件不当，酒质会受到很大的影响。啤酒的储存要符合以下几项要求：

①酒库要清洁、卫生、无杂物。

②酒库要阴凉、避光。光照会使啤酒氧化产生浑浊，使酒的稳定性降低，缩短啤酒的保质期。

③保持正确的储存温度和储存期限。生啤酒适宜的储存温度为 10℃，储存期限为 5～7 天；熟啤酒适宜的储存温度为 16℃，瓶装啤酒的保质期为 60～90 天，听装啤酒的保质期为 12～18 个月。

④本着先进先出的原则储存。由于啤酒的保质期比较短，储存时要注意先进的货先行出库销售，以免因积压造成啤酒变质。

⑤分类合理摆放，尽量减少震动和搬动。啤酒在酒库里的存放应注意堆放平稳，按产品种类、出厂日期分类储存，酒垛之间应留出通道，便于检查盘点，同时使酒库保持良好的通风条件。

2）啤酒的服务及饮用

①使用符合计量标准的杯具。销售生啤酒时应使用带有容量刻度的大啤酒杯（Beer Mug），常见的酒杯容量有 0.3 L、0.5 L、1 L、1.5 L 等几种。此外现在很多酒吧也使用平底啤酒杯和各种特色异型啤酒杯，容量在 8～12 oz 之间。

②酒杯要清洁、卫生、无油渍。

③酒杯在使用前最好进行冰冻上霜处理。

④啤酒需冷藏后饮用，最佳的饮用温度为 8～10℃。

⑤采用正确的斟酒方式。为客人斟酒时要注意保持 1～2 cm 的泡沫，尽量用新杯具为客人添酒，以保证啤酒应有的口味。

（5）世界著名啤酒生产国及代表品牌

1）德国拥有 1 500 多个啤酒厂，品牌 5 000 多个，按麦汁浓度分为 2%～5%、8%、11%～14%、16%。代表品牌有贝克（Beck's）（见图 1—1、图 1—2），海宁格（Henninger）（见图 1—3），卢云堡（Lowenbrau）（见图 1—4）。

图 1—1　贝克（Beck's）瓶装

图 1—2　贝克（Beck's）听装

图 1—3　海宁格（Henninger）听装

图 1—4　卢云堡（Lowenbrau）蓝色听装

2）在丹麦，啤酒的生产最早起源于 15 世纪。代表品牌有嘉士伯（Carlsberg）（见图 1—5、图 1—6）。

图 1—5　嘉士伯（Carlsberg）听装

图 1—6　嘉士伯（Carlsberg）瓶装

3）荷兰生产啤酒同样也起源于 15 世纪。代表品牌有喜力（Heineken），该酒产量居世界第 4 位，占本国啤酒年产量 60%（见图 1—7、图 1—8）。

4）比利时在 1890 年开始生产底部发酵啤酒。代表品牌有亚多瓦（Artois）（见图 1—9），皮爱伯夫（Piedboenf）。

图 1—7　喜力（Heineken）听装

图 1—8　喜力（Heineken）瓶装

图 1—9　亚多瓦（Artois）瓶装

5）发酵啤酒从20世纪60—70年代后风靡世界，但英国和爱尔兰却保持着自己传统的生产方法。

英国以生啤和淡啤为主，大部分是用上发酵方法生产，饮用时不需冷冻，生啤用桶装，酒精含量为3.5%～4%，淡啤酒用瓶装。代表品牌有巴斯生啤酒(Draught Bass)。

爱尔兰以生产吉尼斯黑啤酒闻名于世，这种号称“男子汉的饮料”的啤酒颜色深褐，口感丰满。代表品牌有健力仕（Guinness Stout）（见图1—10、图1—11）。

图1—10 健力仕（Guinness Stout）听装

图1—11 健力仕（Guinness Stout）瓶装

6）日本啤酒的代表品牌有麒麟（Kirin キリハ）（见图1—12、图1—13），札幌（Sapporo サッボロ）（见图1—14），朝日（Asahi マサヒ）（见图1—15、图1—16）。

图1—12 麒麟（Kirin キリハ）听装

图1—13 麒麟（Kirin キリハ）瓶装

图 1—14　札幌（Sapporo サッポロ）听装

图 1—15　朝日（Asahi マ サ ヒ）小听装

图 1—16　朝日（Asahi マ サ ヒ）大听装

7）美国啤酒的代表品牌有百威（Budweiser）（见图 1—17）、幸福（Lucky）、第一（Primo）、帕伯斯特（Pabst）。

8）我国啤酒的代表品牌有青岛（见图 1—18、图 1—19）、燕京（见图 1—20、图 1—21）、北京（见图 1—22、图 1—23）等。

图 1—17　百威（Budweiser）瓶装

图 1—18　青岛瓶装

图 1—19　青岛瓶装纯生

图 1—20　燕京瓶装无醇

图 1—21　燕京瓶装纯生

图 1—22　北京听装纯生

图 1—23　北京瓶装纯生

9）新加坡啤酒的代表品牌有虎牌（Tiger）（见图 1—24、图 1—25）。虎牌啤酒闻名于世，它是新加坡和荷兰喜力公司合资经营的，在马来西亚设有分厂。

图 1—24　虎牌（Tiger）听装

图 1—25　虎牌（Tiger）瓶装

10）捷克啤酒代表品牌有皮尔森（Pilsner Urquell）（见图 1—26）。

11）法国啤酒的代表品牌有克罗能堡（Kronenbourg）（见图 1—27）、香比组尔（Champigneulles）。

图 1—26　皮尔森（Pilsner Urquell）瓶装

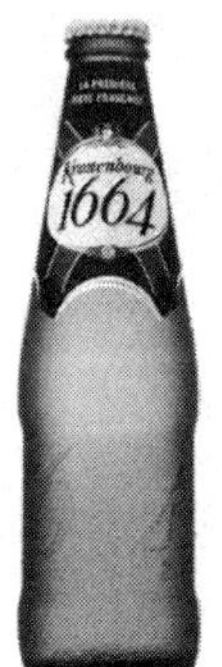

图 1—27　克罗能堡（Kronenbourg）瓶装

12）意大利啤酒的代表品牌有德莱赫（Dreher）（见图 1—28）、弗斯特（Forst）。

13）加拿大啤酒的代表品牌有驼鹿头（Moosehead）（见图 1—29）、摩尔森·加拿大人（Molson Canadian）。

图 1—28　德莱赫（Dreher）瓶装

图 1—29　驼鹿头（Moosehead）瓶装

14）奥地利啤酒代表品牌有哥瑟啤酒（Gosser Bier）、莫劳厄啤酒（Marauer Bier）。

15）西班牙啤酒代表品牌有生力（San miguel）。该酒原产西班牙，后转菲律宾生产，最后转至香港。

16）澳大利亚啤酒代表品牌有富仕达（Foster）。

17）瑞士啤酒代表品牌有红衣主教（Cardinal）、飞尔西罗森（Feldschlosschen）。

18）瑞典啤酒代表品牌有斯凯尔（Skal）、三王冠（Three Crown）。

19）墨西哥啤酒代表品牌有卡达·布郎卡（Carta Blanca）。

2. 黄酒

（1）黄酒的定义

有着几千年历史的中国黄酒，也称为米酒（rice wine），属于发酵酒，是中国的特色酒品。在世界三大发酵酒（黄酒、葡萄酒和啤酒）中占有重要一席。黄酒是以粮食为原料，经过特定的加工过程，受酒药、曲（麦曲、红曲）和浆水（浸米水）中不同种类的霉菌、酵母和细菌的共同作用而酿成的一种低度压榨酒。

（2）黄酒的成分

黄酒的主要成分有糖、糊精、醇类、甘油、有机酸、氨基酸、酯类、维生素等成分，是一种营养价值很高的酒品。

（3）黄酒的特点

黄酒的种类虽然很多，但它们具有一些共同的特点。

1）黄酒都是以粮食为原料酿成的发酵原酒。

2）黄酒酿造中常配加中草药，使酒具有独特的风味。

3）由于使用了不同种类的麦曲或红曲，生产出的黄酒具有浓郁的曲味和曲香。

黄酒酿造过程中淀粉糖化、酒精发酵、成酸、成酯作用等生化反应同时进行，交互反应，这种边糖化、边发酵的工艺是黄酒所特有的。黄酒酒精度较低，一般为15～20°。

4）传统上，成品黄酒都用煎煮法灭菌，用陶坛盛装，既可直接饮用，也便于久藏。另外，酒坛用无菌荷叶和笋壳封口，并用糠和黏土等混合加封泥头，封口既严，又便于开启，酒液在陶坛中进行后熟，越陈越香。

5）黄酒为原汁酒类，酒液中有少许沉淀，属正常现象，而非质量问题。

（4）黄酒的分类

黄酒具有悠久的历史，分布区域广泛，品种繁多，其分类方法也各不相同。

按黄酒的产区、原料的不同可分为4类。

1）南方糯米粳米黄酒。主产于长江以南地区，以糯米、粳米为原料，以酒药和麦曲为糖化发酵剂。这类黄酒在中国黄酒中占有相当大的比例，主要品种有绍兴加饭酒、元红酒、花雕酒、无锡老廒黄酒以及各种喂饭酒、仿绍酒等。

2）红曲黄酒。以糯米为原料，以大米和红曲霉制成的红曲为糖化发酵剂制成的黄酒。红曲黄酒的主要产地是福建、江浙一带，主要品种有福州红曲黄酒、闽北红曲黄酒、福建粳米红曲黄酒、温州乌衣红曲黄酒等。

3）华北和东北广大地区生产的黄酒。基本上以黍米为原料，用麦曲（或米曲）为糖化发酵剂酿制而成，故统称为北方黍米黄酒。主要品种有山东即墨黄酒、兰陵美酒、山西黄酒、京津及东北各地产黄酒。

4）大米清酒。是一种改良的大米黄酒，酒色淡黄，清亮而富有光泽，具有清酒特有的香味，在风格上不同于其他黄酒。以大米为原料所酿造的酒是日本的特产，已有很悠久的历史。中国清酒的生产较晚，发展较慢，较著名的有吉林清酒和即墨特级清酒等。

5）按黄酒的含糖量可分为4类：

①甜型黄酒：含糖量在10%以上，如江苏省丹阳的封缸酒、福建省龙岩的沉缸酒。

②半甜型黄酒：含糖量为5%～10%，如浙江省绍兴的善酿酒、山东省胶东的即墨老酒。

③半干型黄酒：含糖量为0.5%～3%，如浙江省绍兴的加饭酒。

④干型黄酒：含糖量在0.5%以下，如浙江省绍兴的元红酒。

6）按黄酒的生产工艺可分为3类：

①淋饭法黄酒是先将糯米在清水中浸泡两天两夜，然后把米蒸熟成饭，用冷水对米饭进行喷淋，使其温度降低到糖化、发酵的最佳温度，拌入酒药、麦曲，加入清水，糖化、发酵 45 天即可。淋饭法多用于生产甜型黄酒。

②摊饭法黄酒是将米在清水中浸泡 16～20 天，把米捞出，蒸熟成饭，将米饭摊在竹席上，使其自然冷却到糖化、发酵温度，加入酒母、麦曲、清水和浸米的浆水，糖化、发酵 60～80 天即可。用摊饭法生产出的黄酒质量优于淋饭法生产的黄酒。元红酒、善酿酒、红曲黄酒都属于摊饭法黄酒。

③喂饭法黄酒是将米分成几批，取第一批以摊饭法做成酒母，然后分批加入新原料，使发酵能够持续进行。喂饭法和前两种方法相比，发酵更深透，原料利用率高，这种酿酒方法在东汉时期就已盛行。绍兴加饭酒就属于这一类酒。

（5）黄酒名品介绍

1）绍兴酒（见图 1—30）。在众多的黄酒中，绍兴老酒最为著名。绍兴酒是用上等精白糯米、优质黄皮小麦配鉴湖水，经独特工艺酿制的低酒度、纯原汁黄酒。该酒古称阳甜酒、越酒，由于取水古越鉴湖又称鉴湖名酒，因陈酿时间越陈越芳香又称陈绍老酒。绍兴产酒大约始于 2 000 多年前的春秋时代，现在更是名传四海。绍兴酒在生产上有“三浆四水”“冬浆冬水”“开耙适宜”“发酵完善”等要诀。主要工艺分“浸米”“蒸饭”“落缸”“发酵开耙”“榨酒”“煎酒”六大工序，道道紧扣得当，可谓世传绝技。

由于绍兴酒有甜、酸、苦、辣、鲜五味一体的风味和超出一般酒类的营养价值，加上香、醇、柔、绵、爽的综合风格，被誉为举世无双的“东方名酒”和“酒中独步”。绍兴酒的品种主要有元红、加饭、善酿、香雪等。

2）状元红酒（见图 1—31）。又称状元红，因过去酒坛外壁涂成朱红色而得名，是绍兴酒的代表品种。此酒用摊饭法酿造，发酵完全，残糖少，酒液橙黄、透明发亮，有独特的芳香，味甘爽微苦，酒精含量为 16%～17%，属干型酒。饮用时可泡黑枣，微加温，佐以鸡、鸭肉更佳。

3）加饭酒（见图 1—32、图 1—33）。由于在酿制时增加了“饭量”而得名，按增加“饭量”的不同可分为“双加饭”和“特加饭”，为绍兴酒中之上品。酒液深黄带红，透明晶莹，有突出的浓香，含糖量高于元红酒，味醇厚，微带鲜甜，酒精含量为 18～19°，属干型酒，也常作药用。宜加温、佐以冷盘饮用。

4）善酿酒（见图 1—34）。属于摊饭法黄酒，以储存 1～3 年的陈元红酒代水酿成的双套酒。此酒呈深黄色，香郁，质浓，酒精含量为 15%～16%，含糖 6%～7%，为绍兴酒中珍品，属半甜型酒。宜微加温，佐以甜味菜肴或点心饮用。

图 1—30　绍兴酒坛装

图 1—31　状元红酒坛装

图 1—32　加饭酒坛装

图 1—33　加饭酒瓶装

5）香雪酒（见图 1—35）。此酒采用淋饭工艺，以陈糟烧（黄酒糟蒸馏而成的白酒）代水酿制而成。经过一段时间的陈酿，醇和鲜甜，无白酒之辣，而有绍兴甜酒的风味。酒液呈琥珀色，为绍兴酒的高档品种，属甜型酒，酒精含量为 18%～20%。饮用时不宜加温，饭前、饭后少量饮用最感适口，并有助消化之功效。

图 1—34　善酿酒桶装

图 1—35　香雪酒桶装

6）花雕酒（见图 1—36、图 1—37）。因储存酒的酒坛外雕绘五色彩图而得名，这些彩图多为花鸟鱼虫、民间故事和戏剧人物，具有民族风格。

图 1—36　花雕酒坛装

图 1—37　花雕酒瓶装

7）女儿红（见图 1—38）。浙江地区的风俗，生子之年，选数坛黄酒泥封窖藏。生女儿称其为女儿红，生儿子称其为状元红。酒要等到孩子长大婚嫁时取出开坛，宴请宾客。因经过 20 余年的封存，酒的风味更加香醇。

8）山东即墨老酒（见图 1—39）。产自山东即墨黄酒厂，此酒用黍米酿造，酒液呈褐色，清亮透明，微有沉淀，久放不混浊，酒精含量为 12%，含糖 8%，酒香浓郁，具有焦糜香气，入口醇香，甘爽适口，微苦而余香不绝，回味悠长。

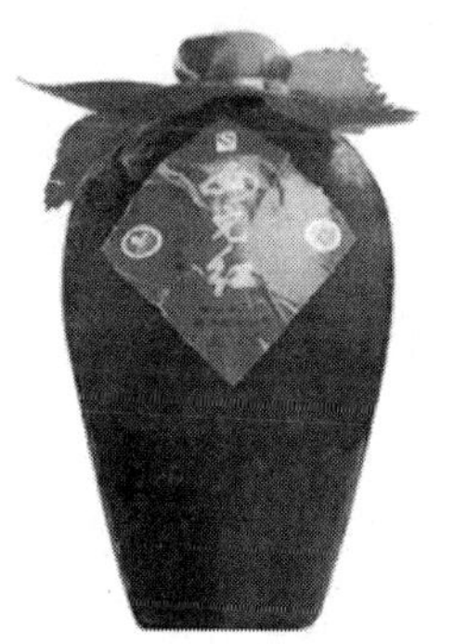

图 1—38　女儿红坛装

图 1—39　山东即墨老酒瓶装

9）福建沉缸酒（见图 1—40）。产自福建省福州酒厂，以精白糯米为原料，以红曲作为糖化发酵剂酿制而成。色赤如丹，清亮透明，酒精含量为 15%，含糖 6%，具有红曲老酒特有的浓郁醇香。另外，福建老酒被公认为是烹调菜肴的好调料，也可直接加入鱼类的汤菜里，以增加特殊鲜美的风味。中外闻名的闽菜“佛跳墙”就使用了福建老酒。

10）福建沉缸酒（见图 1—41）。产自福建省龙岩县酒厂，以糯米为原料，用红曲、散曲及特殊制药曲综合发酵。因发酵的酒醅三次沉浮，最后沉入缸底而得名。此酒色泽红褐，清香馥郁，酒的色、香、味均在酿造中自然形成。其甜、酸、苦诸味和谐，酒精含量为 14.5%，含糖量为 27%。

图 1—40　福建沉缸酒瓶装

图 1—41　福建沉缸酒瓶装

（6）黄酒的储存与饮用

1）黄酒属于原汁酒类，如果储藏与保管不当，将会导致黄酒腐败变质，因此，黄酒储存时要尽可能创造有利于提高酒质的环境条件，防止损耗变质。黄酒的储存有以下几方面的要求：

①黄酒宜储存在地下酒窖。

②黄酒最适宜的储存条件是环境凉爽，温度变化不大，一般在 20℃以下，相对湿度为 60%～70%。但是，黄酒储存并不是温度越低越好，如低于零下 5℃，黄酒就会有受冻、变质和冻结破坛的可能，所以黄酒不宜露天存放，尤其在北方地区。

③黄酒堆放须平稳，酒坛、酒箱堆放高度一般不得超过 4 层。每年夏天应倒坛 1 次，以使上下层酒坛内的酒质保持一致。

④黄酒不宜与其他异味物品或食品同库储存。坛头破碎或坛口漏气的酒坛必须立即出库，不宜继续放在酒库中储存。

⑤黄酒在储存过程中，不宜经常受到震动，避免强烈光线照射。

⑥不能用金属容器储存黄酒。

2）黄酒适宜温烫后饮用，温度为 30～40℃，可以向酒中加入姜片、话梅、红糖增加其口感。加热的方法有两种：一种是将黄酒倒入瓷盆中，用小火直接加热；另一种是将黄酒倒在杯中，然后把杯子放在热水中温烫。

3. 清酒（见图 1—42）

（1）清酒的特点及分类

清酒（Sake）在日本俗称日本酒，它与我国黄酒同属于低度米酒。日本清酒以精白米为主要原料，以久负盛名的滩之宫水为水源，采用现代科学方法酿制而成。在日本享有国酒之誉，并以英文 Sake 闻名世界，行销 60 多个国家和地区，已在美国和巴西建立了分厂。

清酒的品牌大约有 500 多个，命名方法各异，一般是以人名、动物、植物、名胜古迹及酿制方法命名。质量最好的是月桂冠、樱正宗、大关、白鹰、松竹梅及秀兰。

图 1—42　瓶装清酒

（2）清酒的特点

清酒呈淡黄色或无色，清亮透明，具有独特的清酒香，口味酸度小，微苦，呈琥珀酸味，绵柔爽口，其酸、甜、苦、辣、涩味协调，酒精度为 16°左右，含多种氨基酸、维生素，是营养丰富的酒品。

（3）分类

1）按制法不同分类

①纯米酿造酒。以米、米曲和水为原料，不外加酒精。

②普通酿造酒。1 t 原料米的醪液添加 100%的酒精 120 L。

③增酿酒。添加用酒精、糖类、酸类及氨基酸盐类等配成的酒精调味液。

④本酿造酒。酒精加入量低于普通酿造酒。

⑤吟酿造酒。纯米酿造酒和本酿造原料米精米率是 60%以上者。

2）按口味分类

①甜口酒的糖分较多，酸度较低。

②辣口酒的酸度高，糖分少。

③浓醇酒浸出物糖分含量较多，口味醇厚。

④淡丽酒浸出物糖分含量较少，爽口。

⑤高酸味清酒以酸度高、酸味大为特征。

⑥原酒制成后不加水稀释的清酒。

⑦市售酒指原酒加水稀释后装瓶出售的清酒。

3）按酒税法规定的级别分类

①特级清酒品质优秀，酒精度在 16°以上，原浸出物浓度在 30%以上。

②一级清酒品质较优，酒精度在 16°以上，原浸出物浓度在 29%以上。

③二级清酒品质一般，酒精度在 15°以上，原浸出物浓度在 26.5%以上。

4）按储存期分类

①新酒压滤后未过夏的清酒。

②老酒储存过一个夏季的清酒。

③老陈酒储存过两个夏季的清酒。

（4）其他清酒种类

1）浊酒。浊酒与清酒是相对的，普通清酒醪经压滤后的新酒，静置一周后，抽走其上清部分，留下的白浊部分即为浊酒。

浊酒的特点之一是有活酵母存在，会连续发酵产生二氧化碳，因此应用特殊瓶塞和耐压瓶子包装。装瓶后加热到 65℃灭菌或低温储存，并尽快饮用。此酒外观珍奇，口味独特。

2）红酒。在清酒醪中添加红曲的酒精浸泡液，再加入糖类及谷氨酸钠，调配成具有鲜味且糖度与酒度均较高的红酒。由于红酒易褪色，在选用瓶子及库房时要注意避光，应尽快销售，饮用。

3）红色清酒。在清酒醪主发酵结束后，加入酒精度为 60°以上的酒精红曲浸泡液，即成红色清酒。红曲用量以制曲原料米总米量的 25%以下。

4）赤酒。在第三次投料时，加入总米量 2%的麦芽以促进糖化，另外，在压榨前一天加一定量的石灰，在微碱性条件下，糖与氨基酸结合成氨糖，呈红褐色，而不使用红曲，即为赤酒，为熊本县特产，一般在举行婚礼时饮用。

5）贵酿酒与我国黄酒类的善酿酒等原理相同。投料水的一部分用清酒代替，使醪的温度达 9～10℃，即抑制酵母的发酵速度，糖化生成的浸出物残留较多，制成浓醇而香甜型的清酒。多以小瓶包装出售。

6）高酸味清酒。利用白曲霉及葡萄酵母，采用高温糖化酵母，发酵最高温度 21℃，发酵 9 天制成类似干葡萄酒型的高酸味清酒。

7）低酒度清酒。酒精度为 10%～13%，适于妇女饮用。低酒度清酒市面上有三种：一是普通清酒（酒精度在 12°左右）加水；二是纯米酒加水；三是柔和型低度清酒，是在发酵后期追加水与曲，使醪继续糖化和发酵，待最终酒精度达 12°时压榨后而制成。

8）长期储存酒。一般清酒在压榨后的 3～15 个月内销售，当年 10 月份制的酒，到次年 5 月出库。但消费者喜爱饮用经长期储存的香味酒。老酒型的长期储存酒添加本酿造清酒或纯米清酒。储存时应尽量避免与光线和接触空气。凡在 5 年以上的长期储存酒称为“秘藏酒”。

9）发泡清酒。将通常的清酒醪发酵 10 天后，即进行压榨，滤液用糖化液调整至 3 个波美度，加入新鲜酵母再发酵。室温从 15℃逐渐到 0℃以下，使二氧化碳大量溶存于酒中，用压滤机过滤后的原曲耐压罐储存，在低温条件下装瓶，瓶口加软木塞，并用铁丝固定，60℃灭菌 15 min 即成发泡清酒。发泡清酒在制法上兼具啤酒和清酒酿造工艺，在风味上，兼备清酒及发泡性葡萄酒的风味。

10）活性清酒。酵母不杀死即出售的清酒。

11）其他。如些厘型清酒、低聚糖含量多的清酒、粉末清酒及冻结型清酒等。

（5）清酒的包装、保管及服务要求

1）清酒的包装规格和形式较多，通常使用瓶或杯式包装，容量为 300 mL、330 mL、700 mL、1 800 mL。也采用 3.6 L、5.4 L、9 L、10.8 L、18 L、36 L 及 72 L 等各种容器包装。特级酒通常采用异形瓶，用聚乙烯等材料作内塞、外加有螺扣的金属帽盖，放在带尼龙绳的纸盒内。采用坛式包装的清酒，外面用草帘包住，并用草绳捆扎牢固，既携带方便，也十分美观，坛的下方有倒酒用的开口。杯装清酒通常作旅行饮料用，或在宴会上将杯子兼作酒杯使用。

2）清酒的商标通常为两道，在正、副标上均可注明酒的牌名、级别、容量、原料、制法、酒度以及出厂日期等内容。

清酒很容易受日光的影响。白色瓶装清酒用日光直射 3 h，其颜色增加 3～5 倍。即使库内散光，长时间的照射影响也很大。所以要尽可能避光，酒库内保持洁净、下爽，清酒要求较低室温（10～12℃），储存期通常为半年至一年。

3）清酒的饮用服务要求

①酒杯（见图 1—43、图 1—44）。一般使用玻璃杯、瓷杯或浅平碗。酒杯应清洗干净。

②酒的温度。一般以 16℃左右最为适宜。酒温低于 13℃，酒香难以挥发。清酒也可加温后饮用，一般加温至 40～50℃。

③清酒。可作为餐后用酒，也可作为佐餐酒。

4. 葡萄酒

（1）葡萄酒的定义

图1—43　平碗清酒杯

图1—44　瓷制清酒杯

以100％葡萄为原料，经过自然发酵而产生的酒，被称为葡萄酒。

（2）葡萄酒的分类

葡萄酒根据酿造方式的不同分静态葡萄酒、气泡葡萄酒及加烈葡萄酒三类。一般惯称的白葡萄酒、红葡萄酒即属静态葡萄酒，香槟酒则属于气泡葡萄酒。

1）静态葡萄酒。由于静态葡萄酒排除了发酵后产生的二氧化碳，故又称为无气泡酒。这类酒是葡萄酒的主流产品，酒精含量占8％～13％；依其葡萄品种与酿制方式的不同，又分为白葡萄酒、红葡萄酒和玫瑰红酒。

“白葡萄酒”只将葡萄的汁液发酵，且培养期通常在一年以内，所得到的口味较清爽，单宁含量低，还带有水果及果味酸。“红葡萄酒”是将葡萄的果皮、果肉、种子等与果汁一起发酵，且培养期在一年以上，所得到的酒口味较白葡萄酒浓郁，多含单宁而带涩味，但因发酵程度较高，通常不甜。由于红葡萄酒酒性比白葡萄酒稳定，通常拥有数年甚至达数十年的保存期。所谓“玫瑰红”是形容它的色泽，可以在白葡萄酒中掺入红葡萄酒而得，或是以缩短红葡萄酒浸皮的时间来酿制，口味介于白酒与红酒之间。

2）起泡酒。因装瓶后经两次发酵会产生二氧化碳而得名，酒精含量为9％～14％。这类酒以法国香槟区所产的“香槟酒”最负盛名。其他如意大利的司普曼特气泡酒、德国的谢克特气泡酒也属于起泡酒。

3）加强葡萄酒。加强葡萄酒是在发酵过程中或发酵后，添加其他高浓度的烈酒，此类酒的酒精含量较高，约15～22％。这类酒通常要经历较长时间的培养期，而且混合不同年份及产区的酒而成，酒性比较稳定，可保存较久。葡萄牙的波特酒及西班牙的雪利酒都是此类酒中的佼佼者。

学习单元 2　蒸馏酒专业知识

学习目标

- 了解蒸馏酒的历史
- 熟悉蒸馏酒的定义及分类
- 熟悉各类蒸馏酒细述

知识要求

一、蒸馏酒的历史

目前我们所使用的蒸馏技术，据说是由阿拉伯人传来的，现在英语系的国家称酒或酒精为“Alcohol”，就是源自阿拉伯语“蒸馏”一词。如果说葡萄酒源自于解渴的需求，而烈酒则是基于愉悦人的需求。蒸馏术传到了欧洲，并得以广为流传和使用于蒸馏烈性酒。那时候的人们认为酒是能够延长寿命的灵丹妙药，因此被称为“生命之水（eau - de - vie）”

二、蒸馏酒的定义及分类

1. 蒸馏酒的定义

蒸馏酒又称为烈性酒，它是以糖类、淀粉、发酵酒为原料，通过蒸馏的方法所获得的一种酒精度较高的酒。

2. 蒸馏酒的分类

用于生产蒸馏酒的基酒很多，生产出的酒品也各不相同，依照所用原料的不同可分为三大类：

（1）谷类

威士忌、金酒、伏特加、中国白酒。

（2）水果类

白兰地。

（3）植物类及其他

朗姆酒、特基拉。

三、各类蒸馏酒细述

1. 金酒（Gin）

（1）金酒的历史和发展

金酒始创于 16 世纪末 17 世纪初，又称“杜松子酒”，产于荷兰，是由荷兰莱顿大学希尔维斯和修文两位教授发明。他们发现杜松的果实具有利尿作用，杜松又称“刺柏树”。在当时，金酒是用谷物酿制的烧酒作为基酒，然后用杜松子加香，再加以芫荽和其他香药草作为加味物质的一种烈酒，人们管它叫杜松子酒（Genever）。如今金酒把经过多次蒸馏和精馏的酒精作为基酒。

后来威廉三世统治英国时，英国海军从荷兰运回了大批杜松子酒，这种酒的配方传到了英国，可以说英国金酒就是由荷兰的杜松子酒演变而来的。

18 世纪经过英国各厂家共同的努力，于 19 世纪初使杜松子酒成为一种有名望的烈酒，并且在维多利亚女王时代（1837—1901 年）成为英国的民族饮料。当时英国小酒馆中曾有这样的招牌：“一分钱喝个饱，两分钱喝个倒，穷小子来喝一分也不要”，可见当时杜松子酒的受欢迎程度，从此英国许多商人开始大规模生产杜松子酒。为了适应英语的发音需要，他们把杜松子酒改称为“Gin”。

（2）金酒的原料

金酒是由玉米、大麦、其他谷物及香料酿制而成。

（3）金酒的分类及特点

金酒是经过发酵、蒸馏得到的烈性酒。蒸馏时的酒度为 180～190 proof，然后经过加水和调配将酒变成无色透明，酒精度为 35～47°，大多数金酒的酒精度约 40°。金酒最大特点是它的香气能使人为之一振，并且有放松和愉悦的感觉。

1）荷兰金酒是以大麦为主要原料，酒味清香，香料味浓重，辣中带甜，酒精度在 35～45°，主要适于纯饮（净饮）。荷兰金酒标签上注明“Jonge”即为新酒；“Oulde”意为陈酒；“Z'Oulde”意为陈酿。

2）伦敦干金泛指具有英国特色的干味金酒。以玉米为主要原料，比例占到了 75%，再配以其他谷物，通过连续蒸馏方式得到的烈性酒。它口味清淡，容易被人们接受，用途广泛，用于纯饮（净饮）和充当鸡尾酒的基酒。

（4）金酒的饮用

1）将金酒放入直饮杯中直接饮用。

2）将金酒放入古典杯或岩石杯中加冰、柠檬饮用。

3）可与冰镇的汤力水、苏打水等混合加冰饮用。

4）可配以其他烈性酒或各种汁类饮料制成鸡尾酒。

5）可烹制各种西式菜点。

（5）金酒代表品牌

1）哥顿（Gordon's）。俗称狗头金酒，产于英国，以酒厂名而命名。该酒厂创建于 1769 年，哥顿酒精度为 47.3°，750 mL 瓶装，主要原料是胡和柑橘皮（见图 1—45）。

2）必富达（Beefeater）。又称御林军金酒，产于英国杰姆斯·巴沃公司，公司创建于 1820 年。该酒酒精度为 40°，750 mL 瓶装。Beefeater 原意是“驻守伦敦塔的卫兵”。著名的鸡尾酒“新加坡司令”就是 1915 年在新加坡的拉菲尔兹饭店中以该酒为基酒调制而成的（见图 1—46）。

图 1—45　哥顿

图 1—46　必富达

3）钻石（Gilbeys）。720 mL 瓶装，酒精度为 40°。该酒与 Gordon's，Seagram's，Beefeater（只限在英国本公司生产）及 Bombay 并列为金酒的五大名牌之一（见图 1—47）。

4）孟买蓝宝石（Bombay）。蓝宝石金酒是基于最古老的配方的一款高档伦敦干金酒，最初诞生在 1761 年英国的西北部。自从那时起，这个秘密的配方就被一代代地传下来了。凭借其精致绝伦的外观和口感，配以现代感的蓝宝石蓝色酒瓶及瓶上雕刻着异国的药材版画，孟买蓝宝石金酒在创导全球时尚的城市如纽约、巴黎、伦敦等地掀起热潮。孟买蓝宝石金酒被全球认为最优质最高档的金酒，与仅用 4～5 种草药浸泡而成的普通金酒相比较，孟买蓝宝石金酒将酒蒸馏汽化，通过 10 种世界各地采集而来的草药精酿而成（见图 1—48），因此更为名贵。

图 1—47　钻石

图 1—48　孟买蓝宝石

5）汤可瑞（Tanqueray）。是该公司于 1898 年与查尔斯合并生产发明的（见图 1—49、图 1—50）。

6）施格兰（Seagram's）。750 mL 瓶装，此酒是美国金酒的第一品牌产品（见图 1—51）。

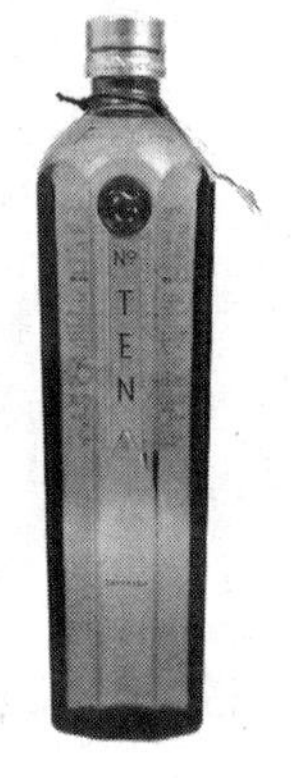

图 1—49　汤可瑞十号

图 1—50　汤可瑞

图 1—51　施格兰

2. 朗姆酒（Rum）

（1）朗姆酒的历史

17 世纪初，在巴巴多斯岛，一位精通蒸馏技术的英国移民成功地以甘蔗为原料，蒸馏出了朗姆酒。这种酒当时被称之为“Rumbullion”，后改称为“Rum”，即朗姆酒，也有人把它译成兰姆酒和罗姆酒。

朗姆酒的原产地是加勒比海地区的西印度群岛。对于朗姆酒的起源，有以下几种说法。

第一种说法是：1492 年，哥伦布在加勒比海（Karibik）第一次登陆时发现当地的气候似火一样炎热，他以为甘蔗在那里肯定生长得特别好。两年后，他第二次航海时把甘蔗装满了船，他的这一不经意的举动为岛屿上未来的财富和资源奠定了基础。几年后，首先在海地（Haiti），后来在许多其他加勒比海群岛上，甚至在大陆上都开始大面积种植甘蔗。后来人们用果渣和甘蔗渣汁酿造了一种醉人的酒，但当时这只是前进了一小步。

第二种说法是：刚研究成功的朗姆酒口感凶烈，使得初喝此酒的当地土著居民一个个喝得大醉，十分兴奋，而"兴奋"一词在英语里写为"Rumbullion"，于是就用这个词代替了酒名。

第三种说法是：朗姆酒起源于英国海军。1745 年，英国海军上将温农（Vernon）发现他的士兵许多患了坏血病，因此命令他们停止再喝啤酒，而喝当时西印度群岛的一种由甘蔗制成的酒凑巧把病治好了，这些士兵为了感谢和纪念这种酒，取当时拉丁语糖（SaccHARum）的缩写，把这种酒称为"Rum"。

直到今天，人们没有发现任何一种植物可以代替甘蔗来制作朗姆酒。没有甘蔗就没有朗姆酒，然而不是每种甘蔗都可以生产朗姆酒。以马达加斯加（Madagaskar）、毛里求斯（Mauritius）、菲律宾（Philippines）和其他热带地区生长的甘蔗为原料生产的朗姆酒品质优良，但最好的朗姆酒原料还是诞生地加勒比群岛地区的甘蔗。

（2）朗姆酒的分类

1）按颜色分类

①无色朗姆酒（Silver Rum）。酒味清淡。

②金黄色朗姆酒（Golden Rum）。酒味柔和，稍甜，有芳香味。

③琥珀色朗姆酒（Dark Rum）。酒味浓郁。

2）按味道分类

①清淡型（Light）。无色，味道精致，可作为鸡尾酒原料。

②芳香型（Flavored）。金黄色，经过短时间的橡木桶储存，有蜜糖和橡木桶的香味，它通常是由清淡型朗姆酒和浓烈型朗姆酒勾兑而成。

③浓烈型（Heavy）。气味芬芳，浓褐色，在焦黑的橡木桶存放数年，是最具有独特风味的朗姆酒，该酒多数产自牙买加。

（3）朗姆酒的储藏

朗姆酒与杜松子酒、伏特加酒和特基拉酒一样，都属于性质很稳定的酒类，不易受震动或室温变化的影响，不论开瓶与否，品质几乎不变。储藏了很久的朗姆酒应视同白兰地和葡萄酒，装于矮脚杯中，于恒定室温下饮用。

（4）朗姆酒的饮用方法

1）将朗姆酒放入直饮杯，杯中加入 1 片柠檬片直接饮用。

2）将朗姆酒放入古典杯或岩石杯中加冰饮用。

3）可与冰镇的菠萝汁混合加冰饮用。

4）可配以其他烈性酒或各种汁类饮料制成鸡尾酒。

5）可烹制各种西式菜点。

（5）著名品牌介绍

1）百家得（Bacardi）。此酒产自牙买加。该公司于 1830 年由西班牙移居古巴的 T. F. Bacardi 创建，当时为了让酒液的强烈的味道降低，并且改进制作工艺，发明者经过苦心研究，最终将朗姆酒的特点定位在了无色、无杂质、口味清淡柔和上。目前该公司由生产传统的浓烈型产品转为生产清淡型产品为主，其中的“Golden”（金黄色）酒精度为 40°，带有浓郁的芳香，口感温顺（见图 1—52、图 1—53、图1—54）。

图 1—52　百家得白朗姆酒

1—53　百家得黑朗姆酒

图 1—54　百家得 151°

2）摩根船长（Captain Morgan）。产自牙买加，酒名取自海盗船长“亨利·摩根”。该酒分无色清淡型朗姆酒、金黄色芳香型朗姆酒和深褐色（琥珀色）浓烈型三种，酒精度为 40°（见图 1—55、图 1—56）。

3）美雅士（Myers's）。产自牙买加。该酒以公司名命名，该公司以创业人“佛列德·美雅士”而得名。此酒是将牙买加的黑朗姆酒装入橡木桶，运至英国，经过储存 5～8 年，然后与浓果汁混合，最后酒液呈深褐色，芳香甘醇，酒精度为 40°（见图 1—57）。

图 1—55　摩根船长白朗姆

图 1—56　摩根船长黑朗姆

图 1—57　美雅士

4）哈瓦那俱乐部（Havana club）。产自古巴，该酒在橡木桶陈酿 3 年，有顺口的辣味（见图 1—58、图 1—59）。

图 1—58　3 年哈瓦那俱乐部白朗姆酒

图 1—59　7 年哈瓦那俱乐部黑朗姆酒

5）波拿札克拉姆（Bonanzagram）。产自牙买加，香浓无比，酒精度为 40°。

6）拉姆斯（Lamb's）。产自美国。

7）阿普尔顿（Appleton）。产自牙买加。

8）龙里格（Ronrico）。产自波多黎各。

9）克雷曼（Clement）。产自法属西印度群岛之一的马提尼克岛，它的酒名是以公司名命名的。分 40～45°的无色朗姆酒和 42～44°的金黄色芳香型朗姆酒。

3. **特基拉（Tequila）**

（1）特基拉概述

特基拉又叫龙舌兰酒，是一种以龙舌兰（Agave）的植物做原料（见图1—60），酒精度为38～44°的蒸馏酒。

图1—60 龙舌兰

特基拉酒是采用珍贵的植物“龙舌兰”作为主要原料制得的。龙舌兰这种植物有四百余种，但只有其中一种名为“韦氏特拉纳”（Tequilana Weber）的龙舌兰才可作为特基拉酒的原料，这种植物从生长到成熟需要12年左右，也就是人们常说的那种特基拉龙舌兰（Agave）。

“韦氏特拉纳”（Tequilana Weber）的主要种植区是墨西哥中西部哈利斯科州的一个名叫“特基拉城”的小城市周围。“韦氏特拉纳”需要在高温下生长，而这个小城市周围的丘陵地区（其纬度同印度孟买一样）为酿造特基拉酒的原料龙舌兰提供了理想的生长气候条件，所以特基拉酒的名称就是以这个小城市名称命名的。

墨西哥政府1974年12月颁布法令，规定只有选用来自墨西哥特基拉城的龙舌兰生产的酒才能叫做特基拉酒。为了监督特基拉酒的生产和保证酒的品质，墨西哥政府设立了一系列严格的规章制度，近年来日臻完善。

（2）特基拉酒分类

1）无色特基拉酒是在蒸馏和过滤后装瓶存放的，酒液清亮透明、口感清冽。

2）金黄色特基拉酒需要在橡木桶中陈酿1～3年，酒液呈橡木色，有烟味。

（3）特基拉酒的储藏

特基拉酒与其他清澈或白色或无色的烈酒一样不必要冷藏饮用。无论开瓶与否，特基拉酒的存放期都很长，也不怕太阳直射。

（4）特基拉酒的饮用方法

1）将1 oz（约28 mL）的特基拉酒放入古典杯或岩石杯中，加入三块冰、一片鲜柠檬片，再放少许盐到酒液中，搅拌均匀后饮用。

2）可与菠萝汁、橙汁或雪碧混合在一起，搅拌后饮用。

3）用它制作鸡尾酒，例如玛格丽特、特基拉日出等。

4）墨西哥人的饮用方式（见图 1—61）

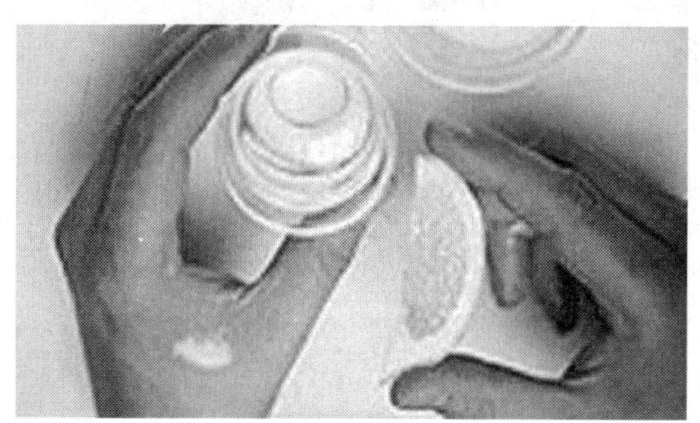

图 1—61　墨西哥人饮用特基拉的方式

第一步：在持杯手的虎口处洒上一小撮盐。

第二步：将 1 oz（约 28 mL）特基拉酒倒入直饮杯。

第三步：准备一片鲜青柠角。

第四步：先舔盐。

第五步：迅速将特基拉喝下。

第六步：将青柠角吃下。

此喝法虽然较烦琐，但最能直接感受特基拉酒的独特之处，而且能很快提高朋友聚会的气氛，非常受年轻人的青睐，也是墨西哥人惯用的饮用方法。墨西哥人还喜欢用墨西哥辣椒代替青柠角，感觉更刺激。

（5）特基拉酒品牌介绍

1）豪帅快活（Jose Cuervo）（见图 1—62、图 1—63）。

图 1—62　豪帅快活银

图 1—63　豪帅快活金

2）赫拉多拉艾尔吉玛（Jimador）（见图 1—64）。

图1—64　赫拉多拉艾尔吉玛

3）海拉杜拉（Herradura）（见图1—65）。

图1—65　海拉杜拉

4）豪帅1800（Jose 1800）（见图1—66、图1—67）。

图1—66　豪帅1800　银

图1—67　豪帅1800　金

5）白金武士（Conquistador）（见图1—68、图1—69）。

6）索查（Sauza）（见图1—69、图1—70）。

7）懒虫（Camino）（见图1—72、图1—73）。

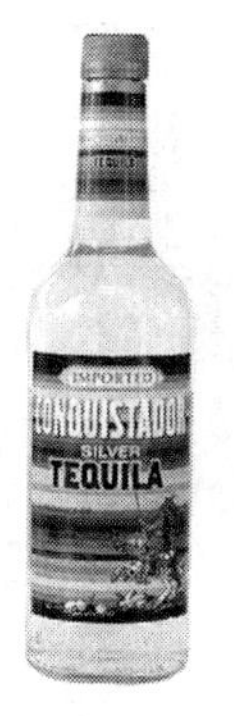

图 1—68 白金武士 银

图 1—69 白金武士 金

图 1—70 索查 银

图 1—71 索查 金

图 1—72 懒虫 银

图 1—73 懒虫 金

8）奥美加（Olmeca）（见图 1—74、图 1—75）。

4. 伏特加（Vodka）

（1）伏特加的起源

有人说它首先诞生于 12 世纪的波兰，14 世纪已成为一种饮品，15 世纪便开始有伏特加酒厂的出现。现在的著名产地是俄罗斯。

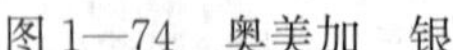
图 1—74　奥美加　银

图 1—75　奥美加　金

（2）伏特加的特点

1）它是由谷物或马铃薯为原料制作的酒，酒精度为 35～50°。

2）它以无杂味、无臭、不甜、不酸、不涩而著名，但是也有一些伏特加配以药草或浆果以增加味道和颜色。

3）伏特加一般不需陈酿，但波兰伏特加至少要在木桶陈酿 5 年。

4）中性伏特加：无色、无味、无臭。

5）加味伏特加：加味的原料为药草、干果仁、浆果香料和水果等。

6）伏特加酒的质量取决于蒸馏的原酒和用来稀释的蒸馏水的质量。

7）因为蒸馏技术精密、细致，因此有俗语说“伏特加酒是最洁净的酒”。

（3）伏特加的分类

伏特加按制作原料分成两类：中性伏特加和加香伏特加。

1）中性伏特加。该酒为无色液体，除了酒精气味外无其他气味和味道，是伏特加酒中的最主要产品。

2）加香伏特加。在橡木桶中储藏时或浸泡过花卉、药草、水果和果实，有时也加糖。俄罗斯联邦法规定（1992 年）：加味加香的伏特加酒装瓶时酒精度不得低于 60°（按容积算酒精含量为 30%），所添加的增加物质必须在酒标上列出（柠檬伏特加、樱桃伏特加、巴法罗草伏特加、红胡椒伏特加、胡桃伏特加）。

（4）伏特加的储藏

由于酒精含量很高，所以佳酿伏特加在冰箱里储藏时不会结冰。在冰箱内储藏可使其更醇厚可口。

（5）伏特加的饮用方法

1）将 1 oz（约 28 mL）伏特加酒倒入烈酒杯中，加 1 片柠檬片饮用。

2）将1 oz（约28 mL）伏特加倒入古典杯或岩石杯中，加入3块冰，再加1片柠檬片。

3）与番茄汁混合饮用，在海波杯或柯林斯杯中倒入1 oz（约28 mL）伏特加，然后加番茄汁。

4）调制鸡尾酒，例如：黑俄罗斯、血腥玛丽、蓝色电波、环游世界等。

（6）著名品牌介绍

1）不同国家的不同写法

①俄罗斯 Vodka 意为“水酒”。

②波兰 Wodka 也是“水酒”的意思。

2）著名伏特加品牌

①莫斯科伏斯卡亚，又名绿牌伏特加（Moskovskaya）。该产品是由俄罗斯莫斯科市酿酒厂出品，是俄罗斯中性伏特加酒的代表产品，酒精度为40°（见图1—76）。

②斯密诺夫，又名皇冠伏特加（Smirnoff）。该产品产自美国，早在1818年在俄罗斯开始酿造，它是以传统制作人“彼特·斯密诺夫”（Peter Smirnoff）的名字作为商标。英国一家公司的董事长 Martin 于1939年买下了皇冠伏特加的酒名和配方，仅花了14 000美元外加一些特许权使用费，便接管了整个伏特加的生产和销售。此酒有很多种度数，其中40°和50°的中性伏特加酒最受人们欢迎，他们一直使用这样响亮的酒名（见图1—77）。

③坦兹卡（Danzka）（见图1—78）。产于丹麦。

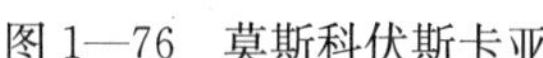
图1—76 莫斯科伏斯卡亚

图1—77 斯密诺夫

图1—78 坦兹卡

④奥博瑟露（Absolut）伏特加。1879年产于瑞典，直到1979年引进美国。酒标上写有“Absolut”字样，表示“绝对的纯伏特加”。它是用小麦酿造的。除此之外还生产柠檬、橙味、辣椒味等加香型伏特加（见图1—79、图1—80）。

图1—79　奥博瑟露（绝对）伏特加

图1—80　奥博瑟露（绝对）伏特加

⑤斯道力西那亚，又名红牌伏特加（Stolichnaya）。产于俄罗斯（见图1—81）。

⑥芬兰伏特加（Finlandia）。产于芬兰，1888年第一次生产，1970年引进美国，独特的酒瓶由芬兰最著名设计师设计（见图1—82）。

图1—81　红牌伏特加

图1—82　芬兰伏特加

⑦佐波罗卡（Zubrowka）。产于波兰，用一种叫做“佐波罗卡”的香车叶对其进行调香的酒。由于草的颜色渗入进了酒液中，有时它又被称作绿色伏特加（见图1—83）。

⑧斯达卡（Starka）。产于原苏联，是将苹果和梨树叶浸过的酒液蒸馏，并加入了少量白兰地和波特酒，因此酒液芳香醇美，且带有宜人的香味和葡萄酒果香（见图1—84）。

⑨巴尔帝克（Baltic）。由波兰波兹那力市波尔摩斯酿造厂生产，是以100%的马铃薯为原料，酒精度为40°，属于中性伏特加酒。巴尔帝克伏特加酒在1973年和1982年世界伏特加酒的评比中分别获得了金牌和银牌。

⑩利蒙那亚（Limonnaya）。由俄罗斯生产，其中以酒精度为40°、浅桔色的伏特加酒最为著名，此酒辣中带甜，并且还有柠檬的清香味。

图 1—83　佐波罗卡

图 1—84　斯达卡

⑪奥兹卓卡（Orzechowka）。产于波兰，酒中勾兑了胡桃提炼物，颜色为深褐色，酒精度为 45°。

⑫贝尔兹夫卡（Pertsovka）。是乌克兰产品，酒中浸入了红辣椒或辣椒粉，因此饮后给人以浓烈的刺激，适用于寒冷地方的人们饮用，其中 35°的红色酒液最出名。

⑬黑色的眼睛（Dark Eyes）。产于美国。

⑭黄金之杯（Golden）。产于俄罗斯。

⑮卡门加卡（Kamchatka）。产于美国。

⑯库班斯卡亚（Kubanskaya）。产于乌克兰。

⑰希尔艾特（Silhouette）。产于加拿大。

⑱泼特所卡（Pertsovka）。产于俄罗斯，是一种用胡椒和辣椒浸泡而成的黑褐色伏特加，味道好，但特别浓烈。

5. 白兰地（Brandy）

（1）白兰地的起源

白兰地一词源于荷兰语“Brandwinjin”，英语称“Brandy”。白兰地酒究竟起源于哪一年，由谁发明，至今众说纷纭，无法考证。但据传说，早在 11 世纪意大利就有人利用这种蒸馏得来的酒精作药，法国雅文邑（Armagnac）地区在 1411 年就开始生产白兰地了，到了 16 世纪，意大利、西班牙和荷兰就开始正式蒸馏葡萄酒来制作白兰地。

（2）世界著名白兰地生产国

1）法国干邑（Cognac）地区是法国第一大白兰地产区，又称作科涅克。早在 18 世纪该地区就出产白兰地，至今“干邑”人凭借其认真、严谨的工作态度再加上先进的设备，以及独特的制作工艺，使该地区出产的白兰地具有独特风格。如今，“干邑”这个词已经成为优质白兰地的代名词。它位于法国东部波尔多（Bordeaux）的夏朗德省内，是一座古镇，面积约 10 万公顷。这里的土地均为白垩地，气候对干邑地区的白兰地影响也很大。每年一月至四月当地的雨水很多，这对播种葡萄前使土壤中积蓄充足的水分提供了有利的条件，到了六月份气温普遍较高，七、八月份气候干燥，这一切都恰恰有利于葡萄的成熟。所以说当地土壤和气候为干邑酿造优质白兰地创造了得天独厚的条件。干邑每年都会有 35 万左右的人从事有关白兰地的原料种植、生产以及经营工作。该地区的年产量一直保持在 5 000 万加仑以上，储存量有 10 亿瓶。

1936 年法国原产地名协会和干邑同业管理局根据《法国原产地名称管制法》（简称“A. O. C”）和干邑地区的土质及生产的白兰地质量和特点，将干邑分为六个酒区（见图 1—85）。

①Grande Champagne：大香槟区。

②Petite Champagne：小香槟区。

③Borderies：香槟边林区（又称波尔特尔边林区）。

④Fin Bois：优质林区（又称芳波瓦优质林区）。

⑤Bon Bois：良质林区（又称邦波瓦良质林区）。

⑥Bois Ordinaires：普通林区（又称波瓦娜瑞丝林区）。

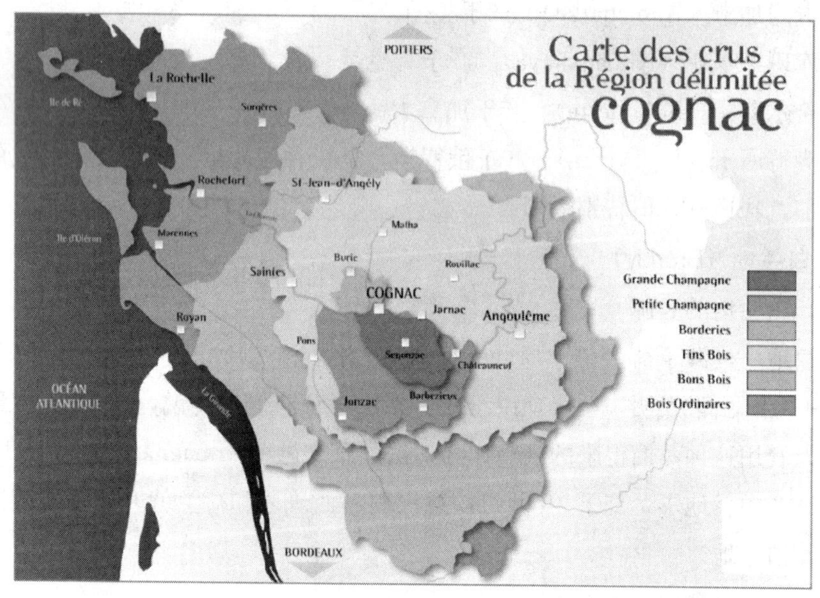

图 1—85　干邑产区图

其中大香槟约占科涅克地区面积的 12.8%，酒质为最优；小香槟区占总面积的 13.9%，酒质优良；其他林区占绝大部分面积，酒质良好。用于生产干邑的葡萄品种有：富美布朗其（Folle Blanche）、白维尼（Ugni Blanc）、可伦巴（Colombard），这些都是白葡萄，完全发酵后能产生 8%～12%的酒精，进行二次连续蒸馏，取酒心部分，此时酒液酒精含量为 69%～72%。

2）法国雅文邑产区是法国第二大白兰地产区。雅文邑（又称阿玛涅克）位于 Bordeaux（波尔多）东南部的热尔（Gers）省，自 17 世纪起，该地区就已经出产白兰地，其产品同样得到了世人的认可，并且已向世界各国出口。该地区生产的白兰地酒味浓烈，田园风味强烈，人们也将它同干邑一样作为白兰地的又一代名词。该地区有三个著名产区。

①Bas Armagnac：巴士阿玛涅克，也称下阿玛涅克。

②Hart Armagnac：亨特阿玛涅克，也称上阿玛涅克。

③Tennareze：泰娜瑞丝，也称泰纳瑞泽。

其中阿玛涅克拥有的是沙质土壤，这种土质很适合葡萄生长，所以它是阿玛涅克地区最好的白兰地产区。阿玛涅克使用的主要葡萄品种有富美布朗其（Folle Bllanche）、可伦巴（Colombard）、塞米雍（Semillon）。

（3）白兰地著名品牌介绍

1）法国白兰地著名品牌介绍

①奥吉尔（Augier）。该酒是以公司名命名。奥吉尔白兰地有“三星”和“V. S. O. P”两个主要产品，奥吉尔白兰地酿酒公司已经有 360 多年历史（见图 1—86）。

②百事吉（Bisquit）。该酒是以公司名命名。该酿酒公司成立于 1819 年，由盐商亚历山大·百事吉（Alexander Bisquit）在年仅 20 岁时创立，公司位于法国著名的大香槟区，并且自己拥有 3 万多公顷的葡萄园。百事吉白兰地有“V. S. O. P.”“X. O”和“EXTRA”三个主要品牌。该公司的“百事吉世纪珍藏”称为 100 年以上的珍藏，酒液是天然醇化，绝对没有加冰稀释（见图 1—87）。

③金花（Camus）。该公司创建于 1863 年，由 Jean Baptiste Camus（金柏帝斯·金花）在干邑地区创立，白兰地的名字取自于公司“金花”二字。金花白兰地的最大特点是使用旧橡木桶熟化白兰地，从而减少新橡木桶带给酒液颜色和味道。该公司在干邑地区的大香槟区和边林区都有葡萄园，主要就是以这两地出产的自家种植栽培的塞米雍葡萄作为新酿白兰地的主要原料。

该公司的拿破仑（Napoleon）是以大香槟区出产的原酒为主制成；“V. S. O. P”采用边林区酿造的原酒为主勾兑而成，它是专为亚洲消费者设计的一款佳作；“X. O”则宣称用了 170 种并且储存期均在 50 年以上的各种白兰地酒勾兑而成；还

图1—86　奥吉尔

图1—87　百事吉

有一款Camus cuvee special，打破常规，选用杏树木作为瓶塞，口感独特，蕴含杏仁的芳香（见图1—88）。

④科瓦塞尔（Courvoisier）。该公司创建于1789年，以公司名命名。该公司曾得到了拿破仑一世的称赞，在拿破仑三世时被指定为白兰地承办商，故以拿破仑像作为酒标及象征。据说它的原酒取自于300多个蒸馏厂，并且严格区分新橡木桶和旧橡木桶，然后进行合理的储存，故使得产品有着极为深沉、足够的熟度，堪称典范。"★★★"略带甜味，是该公司的主要产品；"V. S. O. P"采用大、小香槟区的葡萄作为主要原料，属豪华型产品；"X. O"是该公司的顶级产品，在1986年国际葡萄酒和烈酒大赛中，被评为第一优质白兰地酒；"Extra"科瓦塞尔是储存20年以上的高级产品（见图1—89、图1—90）。

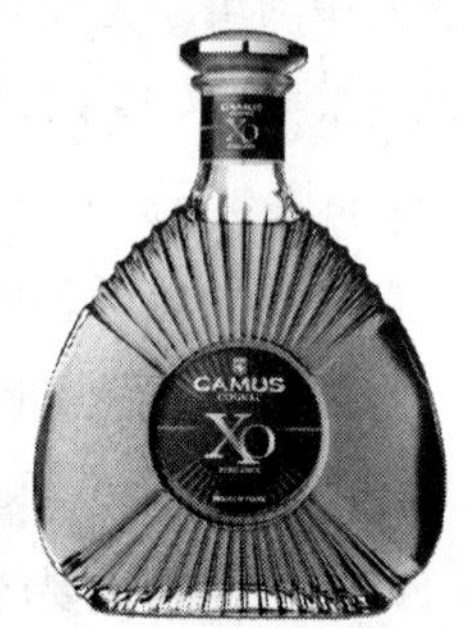

图1—88　金花

图1—89　科瓦塞尔V. S. O. P

图1—90　科瓦塞尔X. O

⑤轩尼诗（Hennessy）。该公司是由爱尔兰人理查德·轩尼诗（Richard Hennessy）于 1765 年创建。他本是一名爱尔兰籍但在法国皇室服务的军官，酒名则以创始人名而命名，酒标来自于创立者的“家徽”。在拿破仑三世时就已经开始使用星号来代表白兰地的等级。该公司产品的最大特点就是先将白兰地装入新制的利摩赞橡木桶，为的是能吸取新桶的味道，之后装入“老”桶陈酿。其产品有“三星”“V. S. O. P”“X. O”“Special”。Hennessy 与 Martell、Remy Martin 合称为三大白兰地品牌（也有加 Courvoisier 称为四大白兰地品牌）（见图 1—91 至图 1—94）。

图 1—91　轩尼诗 V. S. O. P

图 1—92　轩尼诗 X. O

图 1—93　轩尼诗杯莫停

图 1—94　轩尼诗李察

⑥御鹿（Hine）（见图 1—95、图 1—96）。该公司创建于 1762 年，它是以该公司名而命名。其中“Triomphe”采用的是香槟区的葡萄为原料；“Reserve”则采用御鹿家族秘藏的古酒制成，并且有手写的编号。

⑦马爹利（Martell）。该公司于 1715 年由出生在英吉利海峡小岛的爱尔兰人尚·马爹利创建。该酒则以创建者名命名，一直由马爹利家族经营和管理。1988 年归属于美国施格兰（Seagram）公司旗下。该公司主要产品有“三星”

图 1—95　御鹿

图 1—96　御鹿

“V. S. O. P”“Medaillon”“Cordon Bleu”“Cordon Ruby”“Napoleon”“X. O Supreme”“Extra”，其中值得一提的是“超级马爹利”，它是已有 60 年酒龄的珍品，每年产量只有 1 400 瓶（见图 1—97、图 1—98）。

图 1—97　马爹利名仕

图 1—98　马爹利 X. O

⑧人头马（Remy martin)。该公司创建于 1724 年，以酿酒公司名命名，以大小香槟区的葡萄为原料。该公司的主要产品有“V. S. O. P”“X. O”“Club”。其中“V. S. O. P”是全部采用了 7 年以上的原酒来进行调配的，而且是装在新橡木桶利摩赞中，并且只选用中心部分，也就是白色橡木桶，待香味出现后（10～12 个月）再放入“老”橡木桶，陈酿 5 年以上才可装瓶。人头马公司的“镇店”杰作当属“路易十三”（Remy Martin Louis Ⅻ)。它是以储藏了 20 年以上的原酒作为基酒进行调配而成的，酒瓶也是模仿皇家御用的酒器制成，可谓精美绝伦（见图 1—99 至图 1—102)。

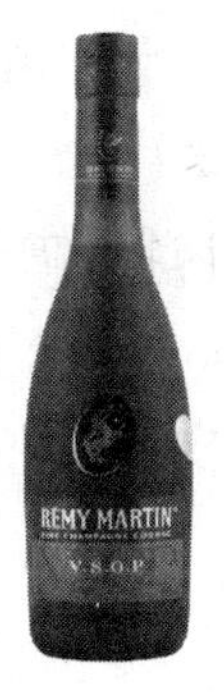

图1—99　人头马V. S. O. P

图1—100　人头马拿破仑

图1—101　人头马俱乐部

图1—102　人头马X. O

⑨夏博特（Chabot)。该酒由夏博特家族于16世纪开始生产，产量至今排在雅文邑地区，白兰地之首（见图1—103)。

⑩沙都·德·罗伯特（Chateau de Laubade)。该酒以公司名命名，其产品“V. S. O. P”和“X. O”都是选用了巴士阿玛涅克地区最好的葡萄进行制作，然后在新橡木桶中陈酿2年，再装入“老”橡木桶陈酿2～3年（见图1—104)。

图1—103　夏博特

图1—104　沙都·德·罗伯特

⑪塞特-维安特（Saint - Vivant）。该公司创建于1947年，销量排在阿玛涅克地区第四位，主要产品有“V. S. O. P”“X. O”“Napoleon”。

⑫其他品牌：拉贝尔多烈夫（Laberdolive）、超级夏博特（Extra Special）、丹布拉特（Damblat）、德娄德（De Lord）、珍露（Janneau）、考斯塔昂（Castagnon）、拉福坦（Lafontan）、莱波斯多（Lapostole）、索法尔（Sauval）、迈利本（Maniban）、桑卜（Sempe）。

2）其他白兰地生产国及品牌简介

①德国的阿巴哈（Asbach）、葛罗特（Goethe）、玛利亚克隆（Mariacorn）。

②意大利的堪培拉（Opera）、斯托克（Stock）、维卡罗玛那（Vecchia Romagna）。

③西班牙的亚鲁米兰特（Acmirante）、康德欧博尼（Conde de Osborne）、芬瑞（Ferry）、马格诺（Mangno）、卡洛斯（Carlos）、达福哥顿（Duff - Gordon）。

④美国的保尔门生（Paul Masson）、克利斯汀兄弟（Christian Brothers）、E和J（E&J）、基尔德（Guild）、果渣（Pomace）、伍德梅（Woodbury）。

⑤其余的还有葡萄牙、南非、希腊、澳大利亚、日本、加拿大、中国、秘鲁等国都生产优质的白兰地酒。

⑥马尔白兰地（MArc Brandy）产于法国，其中最好的当数勃艮地（Burgundy）。它是先将葡萄压榨，用葡萄渣压榨取酒，酒液透明无色，有明显果香，口感凶烈，刺激较大，易上头，酒精度为68～71°，适宜做餐后酒。产于法国勃艮地的马尔白兰地品牌有勃艮地马尔白兰地（Marc de Bourgogne）、法兰西孔台马尔酒（Marc Franche - Comtee）、香槟志老马尔白兰地（Vieux Marc de Champagne）。

（4）白兰地级别划分

按照干邑地区的标准来划分级别，以葡萄收获的第二年开始计算年份。

1）V. S（Very Superior）在木桶中最少存放3年，平均5年。

2）V. O. S. P（Very Old Superior Pale）最少在木桶中存放4年，平均年期较长。

3）X. O（Extra Old）最少存放在木桶中6年半，平均达20年以上。

（5）白兰地的饮用和服务

1）饮用

①净饮。通常白兰地被人们当作餐后酒饮用，享用白兰地的最好方法是不将其与任何东西混合，而是绝对净饮，尤其陈年的白兰地最好净饮。

②调制鸡尾酒或混合饮料。可以将白兰地与果汁、碳酸饮料、奶、奶油、矿泉水等一起混合调制成鸡尾酒或混合饮料，以便满足人们的特殊要求。例如白兰地亚历山大（Brandy Alexander）。

2）服务的杯具。同鉴赏的杯具一样，大多数人们更喜欢桃型白兰地杯。

6. 威士忌（Whisky）

（1）威士忌酒的起源和发展

关于威士忌酒起源的传说有很多。有一种说法是在 15 世纪时，爱尔兰人就知道如何酿造威士忌酒了，后来随着爱尔兰人的迁移，将威士忌酒传到了苏格兰。whiskey 一词是从凯尔盖语 usige baugh 或 usige beatha（生命之水的意思）而来的，没有人确切地知道到底是哪个国家首先使用的这个词，苏格兰人和爱尔兰人都认为是自己最先使用。由于凯尔盖语的这个词发音和记忆都太难，为了适应更多英语国家从而改成现今的 whiskey。但在英文中还是有两种拼写形式：苏格兰和加拿大生产的威士忌拼写成“whisky”；而美国和爱尔兰则拼写成“whiskey”，它们有一个“e”的差异。

（2）威士忌酒的特点

1）通常其颜色为褐色（琥珀色）。

2）酒精度为 40～43°，最高可达 66°。

3）由于所用谷物、水质和蒸馏方法的不同，所以在口味和颜色上有所差异。

4）通常威士忌酒在装瓶后都要在酒瓶的酒标上注明该酒的储存年限。

（3）威士忌酒的分类

1）按照所用原料不同

①纯麦威士忌。

②谷物威士忌。

2）按生产地的不同

①苏格兰威士忌。

②爱尔兰威士忌。

③加拿大威士忌。

④美国威士忌。

⑤日本威士忌。

（4）威士忌酒的储存

因为威士忌的酒精度数都非常高，只要不存放在极高温或极低温的环境下，或不经过振荡，那么不管开瓶与否，酒的质量不会改变。

（5）威士忌酒的饮用方法

1）将 1 oz（约 28 mL）的威士忌酒倒入烈酒杯或古典杯或岩石杯中，不加任何其他酒水，直接饮用。

2）将 1 oz（约 28 mL）的威士忌酒倒入古典杯或岩石杯中，加入 3～5 块冰即可。

3）加水或果汁类饮料/液体饮料混合饮用。将适量威士忌酒倒入果汁杯或柯林杯中，加入水或果汁类饮料/液体饮料，混合饮用。

4）制作鸡尾酒。可以制作各种鸡尾酒，如威士忌酸（whisky sour）、曼哈顿（Manhattan）等。

（6）苏格兰威士忌（Scotch whisky）

1）苏格兰威士忌大约有 500 年历史，但详细的诞生年代尚不清楚，只是在 1494 年的文献中才记载了这种酒。

最早的威士忌诞生于爱尔兰，古爱尔兰人称之为“Uisge Beatha”，这是威士忌最早的名称，它源自凯尔特语，意思是“生命之水”，但古苏格兰人则称之为“Uisge Baugh”，后来经过英语语言惯用法逐渐演变成现在的“Whisky”。

2）苏格兰威士忌的分类

①纯（大）麦威士忌（Malt Whisky）。它是以大麦芽为主要原料制成的威士忌酒，也称单一麦芽威士忌。此类酒最大特点就是用泥煤熏烤，经过单式蒸馏机蒸馏数次后在橡木桶储存 5 年以上方可饮用，7～8 年为成品，15～20 年为最优质酒，储存 20 年以上的陈酒质量下降。由于味道过于强烈，所以只有 10%销售，其余都作为勾兑混合威士忌使用。

②谷物威士忌（Grain Whisky）。这种威士忌是用不发芽的大麦、玉米作为其主要原料，其中玉米在酒中占有 51%以上的比例，然后再配以荞麦、黑（稞）麦、小麦，通过连续蒸馏方法制成。

③混合（调配）威士忌（Blended Whisky）。1853 年，安德鲁·厄谢尔（Andrew Usher）在爱丁堡（Edinburgh）首次制得了混合调配的威士忌。此类酒就是将各种不同风味和年限的威士忌及其他烈性酒经过勾兑师保密、严格的勾兑而制成的。在勾兑过程中要考虑到纯杂粮酒液的比例，还要顾及所有勾兑酒液的年龄、产地、口味等其他特性。

目前混合（调配）威士忌已经成为苏格兰威士忌酒的主流。因为纯（大）麦芽威士忌的酒性太烈，口感不被大众所接受，饮用时还需加入其他物质或饮料来使其稀释，口感平滑；谷物威士忌酒度过低，也没有木炭的焦香味，它的出现多数是为制作混合（调配）威士忌，所以将混合威士忌称之为苏格兰威士忌的主流绝不为过。

混合型苏格兰威士忌分两类：普通和高级。这取决于纯（大）麦威士忌和谷物威士忌比例的多少。通常来说用 50%～80%的纯（大）麦威士忌勾兑出的混合型苏格兰威士忌就为“高级”，其他类威士忌占的比例大就为“普通级”。

（7）苏格兰威士忌的主要产地和品牌介绍

1）苏格兰威士忌的主要产地

①高地（Highland）。自苏格兰的东北部的敦地（Dundee）城起至西南部的格润若克（Greenock）城止，把这两座城市在苏格兰地图上连成一线，就像中国的长城一样。该线以北的地区就是苏格兰高地，有 70%的苏格兰威士忌酒厂都设立在苏格兰高地，它们都以生产纯（大）麦威士忌为主，口味淡雅，具有泥炭香味，将芳香的橡木味和强烈的烟熏味平衡得极好。

②低地（Lowland）。从上面所提到的那条分界线以南称之为低地，此地区大概有 10～12 家威士忌酒厂，它们除了生产纯（大）麦威士忌以外，还生产混合威士忌。此酒口感清淡温和，烟熏味较淡。

③康巴（贝）尔镇（Campel Town）。位于苏格兰南部，是苏格兰传统的威士忌生产区。该地所产酒烟熏味大，且较辣，有咸味和泥炭味。

④艾（伊）斯莱岛（Islay）位于大西洋中。此岛生产的威士忌有着悠久历史和独到的味道、香气和酿造工艺。

⑤斯贝塞德（Cibelsaide）。此地生产的酒口味温和，具有雪利酒的风味。

2）苏格兰威士忌的主要品牌

①格兰菲迪（Glenfiddich）。此酒是苏格兰高地出产的单种纯（大）麦威士忌，因蒸馏地位于格兰菲迪河畔而得名，酒标的图案含义为“鹿之谷”。此酒具有辣味和泥炭的香味，酒精度为 43°，有 15 年和 21 年等优秀品牌（见图 1—105、图 1—106）。

图 1—105　格兰菲迪

图 1—106　格兰菲迪

②百龄坛（Ballantine's）。此公司于1876年由乔治·百龄建立。该酒是以本公司拥有的8种蒸馏威士忌为主要原料，再掺兑42种威士忌来调配制成的混合（调配）威士忌。其产品Finest和Golden Seal属于中档酒；12年和17年属于高档酒；30年酒则是用了陈酿30年以上的威士忌调配而成，是不可多得的百龄坛威士忌，酒精度为43°（见图1—107、图1—108）。

图1—107　百龄坛

图1—108　百龄坛

③金龄（Bell's）。此公司创建于1825年，长久以来一直得到苏格兰本地人民的充分认可，其所有酒瓶的酒标上都印有《圣经》中的一句话“Afore Ye Go”，意为“勇往直前”。该公司产品可分为陈酒（Old）、陈酿（Fine old）、佳酿（Extra）、特酿（Special）、珍品（Rare），酒精度为43°，其中瓷瓶装的21年金龄威士忌属极品（见图1—109）。

④顺风（Cutty Sark）。顺风威士忌出现于1923年，是清淡型威士忌的典型代表。“Cutty Sark”在凯尔特语中意思是“短恤”，但更多人认为它名字来自于一条帆船的名字，这条帆船至今仍旧保留在顺风威士忌的酒标上（见图1—110）。

图1—109　金龄

图1—110　顺风

⑤芝华士（Chivas Regal）。芝华士威士忌酒厂已经有 210 多年的历史了。“Regal”为国王的意思。1843 年该酒为维多利亚女王御用，随后的 100 多年，芝华士人不断进取，并且于 1953 年推出了芝华士极品“皇家礼炮 21 年”，它口感圆润顺畅，受到了世界各地威士忌酒爱好者的喜爱（见图 1—111）。

图 1—111　芝华士

⑥约翰·渥克（Johnnie Walker）。也称尊尼获加。该品牌以创始人名字而得名，销量多年来居苏格兰本地第一，居世界威士忌销量第三，人们常见并被认可的是“红方（牌）”“黑方（牌）”。红方（牌）稍带辣味，但很顺口；黑方（牌）是麦芽含量较高的威士忌酒，在严格控制的酒库中蕴藏至少 12 年，其质量高于红方（牌）。该公司近年来又先后推出了蓝方和金方，均堪称极品，是不可多得的佳酿，酒精度为 43°（见图 1—112）。

图 1—112　约翰·渥克

⑦老伯（Old Parr）。此酒得名于一位英国名叫汤姆斯·帕尔（Thomas Parr）的 152 岁老寿星，酒瓶的背面标签印有这位老寿星的肖像。该威士忌具有典型的泥炭香味，酒瓶设计成四角方形，酒瓶颜色为咖啡色，属于 12 年豪华型威士忌。还有“佳酿”（Superior）等著名品牌，酒精度为 43°（见图 1- 113）。

图 1—113　老伯

⑧珍宝（J&B）。它的命名是以公司创始人和后来接管公司的人的两个名字的第一个字母组成。该产品出口 100 多个国家，酒精度为 43°（见图 1—114、图 1—115）。

⑨族长的选择（Chieftain's Choice）。苏格兰高地族对族长的英文称呼为 Chieftain。该酒以高地和低地麦芽为主要原料，有储存期 12 年、18 年等产品，酒精度数分别为 43°、55°和 61°等（见图 1—116）。

图 1—114 珍宝

图 1—115 珍宝

⑩高地女皇（Highland Queen）。该酒由创建于 1893 年的马克德奈德和缪尔公司生产，它以 16 世纪苏格兰高地女皇而得名，酒精度为 43°，有 15 年和 21 年等著名品牌（见图 1—117）。

图 1—116 族长的选择

图 1—117 高地女皇

⑪詹姆士·马丁（James Martin's）。该酒是以创始人的名字命名的，詹姆士·马丁年轻时曾是一名拳击运动员。酒精度为 43°，有 17 年、特酿（Special）、佳酿（Fine）、佳品（Rare）等品牌（见图 1—118）。

⑫白马（White Horse）。该酒是由 40 种以上的单一威士忌巧妙地勾兑混合而成（见图 1—119）。

⑬尊爵（Premier）。该酒是经过酿酒大师们悉心细致挑选多种年份久远、以纯正天然材料制成的苏格兰一级威士忌，再经多年储藏调配而成，每瓶酒都附有编号，是酒质及来源的保证（见图 1—120）。

图 1—118　詹姆士·马丁

图 1—119　白马

（8）爱尔兰威士忌（Irish whiskey）

1）很多专家认为，爱尔兰威士忌是威士忌酒的鼻祖，它至少已经有 700 年的历史了，但是由于爱尔兰人的保守，因此爱尔兰威士忌酒在世界市场名声不大。

图 1—120　尊爵

2）爱尔兰威士忌的特点。爱尔兰威士忌的味道比较柔和，稍带甜味、蜂蜜味，并具有香草和橘皮的特殊香气，比较适于制作混合酒。爱尔兰威士忌的原料烘烤时使用的是无烟煤，所以没有焦香味。

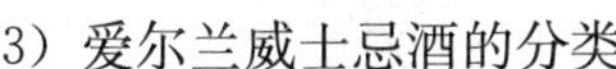

3）爱尔兰威士忌酒的分类

①麦芽威士忌。

②谷类威士忌。

③混合威士忌。

4）爱尔兰威士忌品牌介绍

①约翰·詹姆森（John Jameson）。该酒公司于 1780 年成立，位于爱尔兰都柏林，是爱尔兰威士忌酒中的“老大”。此酒平稳、圆润、口感清爽、甘醇芬芳（见图 1—121）。

②布什（施）米尔（Bushmills）。该酒公司于 1784 年成立，位于北爱尔兰北部沿海地区。此酒选用的是经过细选的大麦和泉水作为原料，经过复杂严密的方法酿制而成，酒精度为 43°（见图 1—122）。

③特拉莫尔督（Tullamore Dew）。该酒公司于 1829 年成立，位于爱尔兰中心地区，酒名是曾经繁荣一时的一个城镇的名字，酒名中“Dew”是露水的意思，酒度为 43°，标签上描绘的狗代表的牧羊犬是爱尔兰的象征（见图 1—123）。

图 1—121　约翰·詹姆森

图 1—122　布什（施）米尔

④米德尔敦（Midleton）。该酒的特点是在发芽的大麦中混合一些未发芽的大麦为原料，酒液呈浅褐色，酒精度 40°。为保证其品质不变，爱尔兰政府规定此酒限量生产（见图 1—124）。

图 1—123　特拉莫尔督

图 1—124　米德尔敦

⑤波尔斯（Power's）（见图 1—125）。

⑥帕蒂（Paddy）。

（9）美国威士忌（American bourbon Whiskey）

1）早在 18 世纪末，威士忌酒就已经成为美国的民族饮料。当今世界最著名的美国威士忌，也称波本威士忌，原产地是美国的斯科特（Scott）地区，这个地区属于弗吉尼亚州（Virginia）的波本县（Bourbon）的一部分，美国威士忌因此得名波本威士忌。另一种比较著名的美国威士忌，则是产自肯

图 1—125　波尔斯

塔基州（Kentucky）的威士忌，它名为“Kentucky Bourbon Whiskey”。

2）美国威士忌的特点

①波本威士忌被称为谷物蒸馏酒，因为发芽浆中，谷物玉米占到了 51%。

②美国威士忌酒在被烧成炭黑色的橡木桶中储存至少要两年，实际陈酿期是 4 年左右，老熟期要在 8 年左右，大多更长。

③用来冷却蒸馏产品的水是一种天然泉水，水中不含铁和伤害威士忌口味的矿物质。

3）美国威士忌的分类。美国威士忌多被称为波本威士忌（Bourbon Whiskey），是因为波本地区威士忌比较出名。它是以玉米为主要原料，占原料总数量的比例在 50%～80%，配上大麦芽和稞（黑）麦，在烧黑的木桶中储存至少两年以上，此酒酒液呈褐色，带有浓重的焦黑橡木桶味。

①单纯威士忌（Straight Whiskey）。指以主要原料为其风格、特点的威士忌。

a. 玉米威士忌（Corn Whiskey）。玉米占到 80%以上，再配以少量的稞（黑）麦大麦芽，储存期不定。

b. 麦芽威士忌（Malt Whiskey）。用大麦芽作为主要原料，比例占到 51%以上，再配以其他谷物，在烧黑的橡木桶储存至少两年以上。

c. 稞（黑）麦威士忌（Rye Whiskey）。以稞麦作为主要原料，比例占到 51%以上，再配以大麦芽和玉米，经过蒸馏之后，在焦黑的橡木桶至少储存两年以上。

②混合威士忌（Blended Whiskey）。由各种威士忌酒混合勾兑而成的一种别具风味的威士忌。

4）美国威士忌的主要产地为肯塔基、伊利诺、印第安纳、俄亥俄、宾夕法尼亚、田纳西、密苏里、马里兰、弗吉尼亚州。

5）著名品牌介绍

①主要著名品牌

a. 杰克丹尼（Jack Daniel's）。1866 年开始生产。含有 80%的玉米，12%的黑麦和 8%的大麦（见图 1—126）。

b. 占边（Jim Beam）。占边可能是波本威士忌中最驰名的品牌了，著名的比姆家族制造波本威士忌至今已有 200 年历史。早在 1795 年，雅各布首先开始使用其名生产和销售威士忌，之后他的子孙继承了这项事业（见图 1—127）。

②其他著名品牌

a. 波旁・豪华（Bourbon Deluxe）。

b. 乔治・华盛顿（George Washington）。

图 1—126　杰克丹尼

图 1—127　占边

c. 美格（Maker's Mark）。

d. 老爹（Old Grand Dad）。

e. 埃文・威廉姆斯（Evan Williams）。

f. I. W. 哈伯（I. W. Happer）。

g. 施格兰 VO.（Seagrams VO.）。

（10）加拿大威士忌（Canadian whisky）

1）加拿大威士忌的历史。据考古学家证实，加拿大生产威士忌酒距今已有 200 多年的历史，它是由法裔加拿大人制造，但具体时间至今无从考证。大约在 1750 年，加拿大东部就已经有少量的蒸馏厂出现。在 1758 年，加拿大就开始征收烈酒税。

2）加拿大威士忌的特点。加拿大寒冷气候影响了谷物质地，加拿大拥有酿造威士忌酒的较好水质，蒸馏出酒后马上就加以混合。形成了加拿大威士忌独有的特色。

3）加拿大威士忌主要产地

①翁塔里奥（Ontario）。

②魁北克（Quebec）。

③阿尔伯塔（Alberta）。

4）著名品牌介绍

①主要著名品牌

a. 皇冠（Crown Royal）。非常著名的加拿大威士忌品牌之一。1936 年英国国王乔治六世在访问加拿大饮用过此酒，因此得名“皇冠”（见图 1—128）。

b. 施格兰 VO（Seagram's VO）。该酒是以酒厂名命名。施格兰原为一个家族，该家族热心于制作威士忌酒，后来成立酒厂并以施格兰命名。该酒以稞麦和玉米为原料，储存 6 年以上，经勾兑而成，口味清淡，别具特色（见图 1—129）。

图 1—128　皇冠

图 1—129　施格兰 VO

②其他著名品牌

a. 法加风味（Canadian O. F. C）。

b. 加拿大俱乐部（Canadian Club）。

c. 阿尔伯塔春天（Alberta Springs）。

d. 古董（Antique）。

e. 黑鹅绒（Black Velvet）。

学习单元 3　配制酒专业知识

学习目标

➢ 掌握配制酒（Assembled Alcoholic）

➢ 掌握开胃酒（Aperitif）

➢ 掌握甜食酒（Dessert wine）

➢ 掌握利口酒（Liqueur）

知识要求

一、配制酒（Assembled Alcoholic）

1. 配制酒的定义

配制酒是将酒与酒，或酒与非酒精原料（或原汁酒、发酵酒等）进行勾兑，配制而成的酒。

2. 配制酒的特点

配置酒就是以某种酒为基，将其他原料混合进去，使它有了新的风格和特性。它与蒸馏酒、发酵酒相比，在颜色、嗅觉、味道，以及对人体的益处等诸多方面更具特色和吸引力。

3. 配制酒的分类

（1）餐前酒，也称开胃酒（Aperitif）

（2）加强葡萄酒（Fortified Wine）

（3）利口酒，也称餐后甜酒（Liqueur）

二、开胃酒（Aperitif）

1. 开胃酒（Aperitif）的起源

关于开胃酒的传说有很多，最古老的是约公元前 460 年至约公元前 370 年，希腊当地的一位有名的医生名叫 Hippocrates（见图1—130），那时他就已开始用酒、树脂和苦杏仁等调制成强身、开胃的药酒。他的肉桂和蜜瓜味的酒的确与现代的味美思不是非常近似，但这绝对是最早的泡制酒。但是一名罗马的旅行家 Pliny 则有自己独到的观点，他认为医生调制开胃酒有点不务正业，而且是在为自己吹嘘名声。因此大胆的 Pliny 除了用葡萄之外，还用多种植物，甚至是任何可以找到的植物，都用来调制饮品，有时连海水也会用上，以增加强烈的口感。真正的味美思酒是起源于 1757 年意大利的都灵，直到 1776 年 Antonio，Benedetto，Carpano 才以 Carpano 之名开始改变。

图 1—130　Hippocrates 头像

2. 开胃酒的定义

开胃酒是指餐前作为开胃剂或胃兴奋剂的含少量酒精的饮料，意大利和法国产的开胃酒最为著名。

近代社会，人们对开胃酒也是拓宽了范围，它包括了柔和的饮料，例如：雪利酒、苦艾酒、白葡萄酒、玫瑰红葡萄酒等。

无论哪一种开胃酒，它都具有刺激味神经、促进肠胃蠕动，使胃对将要吃到的食品产生“兴趣”和“联想”，丰富了就餐者在等待食物时间里的内容。

3. 开胃酒的分类

（1）葡萄酒类开胃酒

葡萄酒类开胃酒也称“味美思”开胃酒。十八世纪末的意大利都灵市的卡帕诺公司（Carpano Firma）就已经开始生产味美思酒。它是用白葡萄酒加上纯酒精、白兰地芳香药草浸出物和糖作为主要原料。主要芳香药草有苦艾、奎宁、芫荽、丁香、牛至、橘子皮、香草等，不同风味的味美思使用的芳香药草的种类和数量也不相同，如 Vermouth（味美思）。

葡萄酒类开胃酒的主要口味有以下几种：

1）Dry Vermouth - Sec（干味）。意大利干味美思是淡白色，法国干味美思是棕黄色。含糖量最高 4%，酒精度为 18°。

2）Blanc Vermouth - Bianco（半干），色泽呈淡黄色，含糖量为 10%～15%，酒精度为 18°。

3）Rouge Vermouth - Rosso（甜味），色泽比琥珀色略深，呈深褐色，含糖量在 15%，酒精度为 18°。

（2）苦艾类开胃酒

例如金巴利（Campari），安哥斯拉苦精（Angostra - Bitter），玛・皮肯（阿Amer - picon），杜本内（Dubonnet），Lynar，suze，Fernet。

（3）大茴香开胃酒

茴香开胃酒早在公元前 1500 年就被古埃及人发明，但那时只是作为治疗肠胃痛的药剂。例如 Sambuca，Pernod45，Ricard，Pastis。

4. 各类开胃酒的主要产地和知名品牌

（1）葡萄酒类开胃酒（Vermouth）主要产地和知名品牌

1）主要生产国有意大利、法国。

2）主要生产商

①马蒂尼（Martini）。又称马天尼。该公司位于意大利都灵，主要生产口味有

Martini dry，Martini Bianco，Martini Rosso（见图 1—131）。

图 1—131　马蒂尼

②仙山露（Cinzano）。该公司位于意大利都灵，同马蒂尼一样，主要生产口味有 Cinzano dry，Cinzano Bianco，Cinzano Rosso（见图 1—132）。

③诺利帕特（Noilly Prat）。该公司于 1800 年由 Joseph Noilly 创建于法国，生产的 Noilly Prat Extra dry 被誉为味美思葡萄酒之王。除此以外，意大利生产味美思的商标还有 Gancia（干霞）、Carpan“punt e mes”（卡帕诺）；法国生产味美思的商标有 Duxall（杜法尔）等（见图 1—133）。

图 1—132　仙山露

图 1—133　诺利帕特

（2）苦味类开胃酒（Bitter）

1）阿帕罗尔（Aperol）。该酒公司是由吉赛谱·巴比里 1880 年在意大利的北部城市帕多瓦（Padova）创建。后来直至 1919 年，公司创始人的儿子西尔维奥（Silvio）鲁吉（Luigi）在当地的一场商品博览会上展示了一种名为“Aperol”的酒。此酒是用大黄、金鸡纳树皮、龙胆酒、苦橙、芳香药草以及酒精配制而成，是一种低酒精含量的饮品，其酒精含量为 11%（体积分数）。此酒一经推出，就以鲜艳的颜色、苦中带甜的味道、不高的酒精度而赢得了意大利广大消费者的欢迎。此酒可净饮、加冰饮用或加苏打水，也可与橙汁、西柚汁等果汁混合饮用（见图 1—134）。

2）干巴利（Campari）。又称金巴利（见图 1—135）。

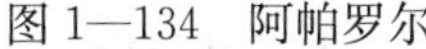
图 1—134　阿帕罗尔

图 1—135　干巴利

当人们得知干巴利酒创始人的历史时都无不惊叹，因为干巴利酒是由一位当年只有 15 岁的意大利男孩干巴利（Gaspare Campari）于 1862 年在他所经营的咖啡馆的地下蒸馏实验室发明的，后来用他的名字命名了该酒。干巴利苦艾酒所用原料包括香药草的叶、根和果实，混合后放入蒸馏器热水中浸泡，经过混合浸泡后提炼出各种所需的香味，最后加入酒精进行调配（酒精度为 21～24°）。如今的干巴利苦艾酒仍然使用着最原始的配方，并且铭记了一个多世纪的一条古老戒律：制造干巴利苦艾酒只能使用纯天然的原料和配料。它所特有的红色是制造者在制造过程中加入的天然色素“胭脂虫红”所形成的。

干巴利苦艾酒之所以能够长期畅销不衰是因为它拥有三大法宝：使用绝对天然的原料；使用了先进的现代化生产设备；在每个生产过程中都得到了严格、精密的检验分析。这三大法宝保证了干巴利苦艾酒无论是在口味、颜色、酒精度等诸多方面都能够稳定不变。

3）杜本内（Dubonnet）。说起杜本内酒的历史，要归功于 Joseph Dubunet，他于 1846 年在法国的尚贝里酿制而成。该酒主要以白葡萄酒为原料，再配以奎宁和多种草药精心酿制而成，有红、白、金黄色三种。红、白两种略带干涩味，金黄色杜本内则较为清淡。1934 年在法国的允许下开始生产此酒并得到了推广。此酒酒精度为 16～18°（见图 1—136）。

4）安哥斯拉苦精（Angostra Bitter）。此酒产自特立尼达岛，是以朗姆酒为主要原料，加上龙胆属植物中提炼的香料制成，这种植物来源于远东和加勒比各岛屿，酒精度在 42°左右（见图 1—137）。

图 1—136　杜本内

图 1—137　安哥斯拉苦精

5）西奈尔（Cynar）。该酒产自意大利。最早是由 Angetl Dalle Molle. a. charles Castelli 在 1950 年发明，酒的主要原料是洋蓟，酒精度为 17～18°（见图 1—138）。

6）菲内特布安卡（Fernet Branca）。该酒产自意大利，是由来自米兰的 Maria Scala 在 1845 年首次推出。此酒是由 40 多种草药、植物和香料作为配料，加上蓟酒（含葡萄汁的酒精）制作而成，此酒味苦香浓，在餐后饮用有助于消化，也可以在咖啡中加入少量此酒。它被誉为“苦酒之王”（见图 1—139）。

图 1—138　西奈尔

图 1—139　菲内特布安卡

7）苏滋（Suze）。该酒产自法国，其香料使用的是龙胆属植物的根部，酒精度在 16°左右（见图 1—140）。

8）阿玛·皮肯（Amer Picon）。此酒原名为 Amer African，是由法国军官 Gaetan Picon 于 1837 年发明。该酒是用橙汁、金鸡纳霞的树皮、奎宁、龙胆属植物的根混合在一起精心酿制而成，该酒的酒精度为 40°左右。

图 1—140　苏滋

（3）茴香开胃酒（Anise）

大茴香开胃酒主要品牌有潘诺（Pernod）、瑞（里）卡底（Ricard）、桑布卡（Sambuca）、奥佐（Ouzo）、玛利·布里扎德（Marie Brizard）。

1）潘诺（Pernod）是一种用天然植物芳香药草精汁与茴香脑（对丙烯基茴香醚）混合物的提取物制成的饮品。酒精度为 45°。香药草的种类、用量、蒸馏时间、蒸馏次数等这些都是生产厂家的绝对秘密。据专家试验推测它所采用的芳香草药大概是薄荷、柑橘、甘草、婆婆纳、肉桂、丁香、芫荽等。所谓茴香脑，就是茴香经蒸馏的馏出物（见图 1—141）。

2）派斯提斯（Pastis）。配制时加入甘草油，使酒味更加柔和（见图 1—142）。

图 1—141　潘诺

图 1—142　派斯提斯

三、加强葡萄酒（Fortified Wine）

1. 加强葡萄酒（Fortified Wine）的定义

加强葡萄酒是餐后饮用的一种酒品，通常以葡萄酒作为酒基，加入食用酒精或白兰地以增加其酒精含量，并保护酒中糖分不再发酵。

2. 加强葡萄酒的分类

（1）雪利（些厘）酒（sherry）。

（2）波特酒（Port）。

（3）马德拉（Madeira）。

（4）马拉加（Malaga）。

（5）马萨拉（Marsala）。

3. 主要加强葡萄酒介绍

（1）雪利（些厘）酒（sherry）

1）雪利（些厘）酒是西班牙的国酒。该酒是由西班牙加的斯省北部一个三角地带的葡萄园种植的葡萄酿制而成的，这个三角地带由彼此相邻的三个小镇，桑卢卡（Sanlucar）、波尔图（Puerto）和赫雷斯（Jerez）组成。目前，只有用这个“金三角”地区种植的葡萄酿成的酒才能称为雪利酒，用其他任何地方的葡萄酿成的酒都不能称为雪利酒。绝大多数雪利酒是在西班牙酿造成熟后，运到英国的伦敦、利物浦、布里斯托等地装瓶，而不是在西班牙本土装瓶。

2）雪利（些厘）酒根据生产工艺不同可分为菲诺型雪利（些厘）酒（Fino sherry）和奥鲁罗索型雪利（些厘）酒（oloroso）。

①菲诺类雪利（些厘）酒（Fino）完全采用一种名叫“Palomine”的葡萄酿制而成，有坚果（苹果和苦杏仁）的香气。又分三种：第一种曼萨尼拉（Manzanilla）；第二种巴奥玛（Palma）；第三种阿蒙提拉多（Amontillado）。

a. 曼萨尼拉（Manzanilla）是颜色最淡，口感最干的菲诺类雪利（些厘）酒。此酒略带一点苦杏仁味，颜色呈淡金色，接近于白色。在饮用该酒前需将其冷冻，没有开封的曼萨尼拉在五至六个月之内可以处于“最佳状态”，开封的曼萨尼拉最多只能保存一个月。由于这一特点，曼萨尼拉的产量并不多。生产雪利（些厘）酒时酒液最上层有一灰白色覆盖层的，为菲诺型雪利（些厘）酒（Fino sherry），利用这种生物老熟法酿出的酒具有一种特有的酒香；如果没有这种覆盖层，那么就是奥鲁罗索型雪利（些厘）酒（oloroso）。

b. 巴奥玛（Palma）。巴奥玛是出口或外销的名称。

c. 阿蒙提拉多（Amontillado）颜色更多，酒香更加浓郁，味道半干，具有坚果味。酒精度在 16～18°。该酒在开启后的三周内最好饮完。

②奥鲁罗索型雪利（些厘）酒。此酒味道有点甜，酒气芳香。酒液颜色比菲诺类任何一款都深，口味半干。酒精度为 18～20°，它的储存时间也较长，酒龄较长

的酒精度可以达到 24～26°。奥鲁罗索型雪利（些厘）酒又分为三种：第一种为巴罗考塔度（Palo Cortado）；第二种为阿莫瑞索（Amoroso）；第三种甜雪利（Cream）。

a. 巴罗考塔度。此酒是雪利酒中的极品，它闻起来香是阿蒙提拉多，尝起来由像是奥鲁罗索，这就是巴罗考塔度。它采用的是一种在赫雷斯地区独特的白垩土壤上的葡萄，叫做“Paloinino”。此酒另一个珍贵的原因就是自从 19 世纪 80 年代 Paloinino 的产量被大规模削减，而且 1 000 桶之中只有一桶在嗅觉和味觉上都能够接近巴罗考塔度的标准。

b. 阿莫瑞索。此酒酒液呈棕红色，颜色较深，酒精度和糖分都较高，多用于出口。

c. 甜雪利。此酒酒液呈红褐色，接近于琥珀色，口味甜润，略带奶油味。还有一种比它更甜的奶油雪利酒，是用“Pedro Ximenez”葡萄酿制的，但酒液颜色呈棕褐色。

3）雪利（些厘）酒品牌著名的雪利酒商标与品牌有卡夫特（Croft）、夏薇（Harvdys）（见图 1—143）、山地文（Sandeman）（见图 1—144）、皇家（Royal）、派波（Tio pepe）等。

图 1—143　夏薇

图 1- 144　山地文

（2）波特酒（PORT）

1）波特酒也称为钵酒，是根据英文“Port”音译而成。它是葡萄牙的国酒，是世界上最有名的甜葡萄酒之一。这种酒虽然产于葡萄牙，但最早是由英国人发明。早在 18 世纪，波特酒还只是单一的葡萄酒，英国人为了能长时间保存这种酒使其不变质，往酒中添加了蒸馏酒。他们意外的发现这种高度数酒精的葡萄酒同样受到了英国和欧美国家人们的欢迎。到了19世纪这种制作方法传到了葡萄牙，从此葡萄牙也开始正式生产波特酒。

2）波特酒的分类

①红宝石波特酒（Ruby Port）。由于颜色是深红色近似红宝石，因此得名“红宝石”。当它还保留着醋味的时候便倒入了桶中，所以说它的成熟是在桶中完成的。红宝石波特酒需要保存三年，但不必过长。

②茶黄色波特酒（Tawny Port）。由于颜色呈黄褐色，近似茶水的颜色，因此得名“茶黄色波特酒”。此酒比红宝石波特酒老熟圆润的多，通常需要在桶中储存8年左右。其实入桶前的茶黄色波特酒已经很成熟，可以饮用了，入桶再次储存是为了突出它的圆润，增加它香甜的味道。

③白波特酒（white Port）。用的是白葡萄，它的酒液呈金黄色和淡黄色。它发酵所花费的时间要比红宝石波特酒长。此酒通常是等95%以上的糖分发酵完成后，再加入白兰地酒制成接近干涩的酒。具有干味的白波特酒经过略微冷藏之后就是极佳的开胃酒。

④古典波特酒（Vintage Port）。这是目前为止最好的波特酒，它所采用的是杜罗河以南地区丰收年份的优秀葡萄为原料。一般十年只有三个或四个葡萄收获期。因此只有被宣布为收获期的年份里才可酿制古典波特酒。它必须在收获期后的第二年的1月1日到9月30日由代理商宣布。该酒在木桶中保存两年，然后在收获之后第二年的7月1日的第三年的6月30日装入瓶中，在装瓶后仍需几年才能成熟。

⑤陈酿波特酒（Crusted Port）（见图1—145）。此酒经过约4年的储存才装瓶，所采用的葡萄的品种很多，酒液呈深红色，酒液中常常会有沉淀物。

（3）波特酒品牌的介绍

1）科克本（Cockburn's）。该公司于1815年由科克本创立，目前属于美国最大酒类企业。其销售量为世界第一，有著名的科克本优质宝石红波特和茶色波特。

2）克罗夫特（Croft）。该公司拥有葡萄牙最大的葡萄园，生产高级陈酿波特酒，如优质克罗夫特宝石红葡萄酒和三钻石牌茶色波特酒等。

3）泰勒（Taylor's）。1692年成立的泰勒公司拥有世界最优秀的葡萄园和众多小葡萄园，是信誉良好的波特酒商，商务活动十分活跃。泰勒波特酒在世界上也十分畅销（见图1—146）。

图 1—145　陈酿波特酒

图 1—146　泰勒

（4）马德拉酒（Madeira）

1）马德拉酒（Madeira）产于葡属玛德拉岛，该岛位于摩洛哥以东的大西洋中。玛德拉酒是以当地生产的葡萄酒和白兰地为原料生产而成的，它是世界上寿命最长的酒，最多可达 200 年之久。

2）马德拉酒分类

①马德拉酒按口味的分类

a. 甜味的马德拉酒是在完成加热储存过程之前由蒸馏强化的。

b. 干味的马德拉酒是完全发酵之后，在强化之前完成加热储存的过程。

②马德拉酒按特点的分类

a. 斯赛尔（Sercial）是最干的马德拉酒。酒液呈淡黄色，味道有点甜。

b. 卧德罗（Verdelho）是半干的马德拉酒，采用的葡萄是西班牙的"Pedro" "Ximenez"和希腊的"Verdea"。卧德罗是最适合用于烹饪、开胃的马德拉酒。

c. 伯奥（Bual）。在葡萄牙语中"Boal"是甜味的马德拉酒，采用的葡萄是法国勃艮第的"Pinot Noir"葡萄的后代，酒液呈棕黄色。

d. 玛姆塞（Malmsey）。十五世纪 Prince Henry 发明，使用的葡萄是 Malvasia，酒液颜色较深。

（5）玛萨拉（Marsala）

玛萨拉酒产于意大利西西里岛（Sicilia）西北部的玛萨拉一带，它是葡萄酒和葡萄蒸馏酒勾兑而成的配制酒，最适于作甜食酒和开胃酒。

玛萨拉酒色金黄带棕褐光泽，美丽多彩，香气芬芳，醇美；口味清冽、爽适、甘润。玛萨拉酒由于陈酿时间的不同，风格也各有区别。

1）玛萨拉佳酿（Fine）陈酿 4 个月，最低酒精度为 17°，其味甜润。

2）玛萨拉优酿（Superior）陈酿两年，最低酒精度为18°，酒味甜润醇美。

3）玛萨拉精酿（Verfine）陈酿五年，最低酒精度为13°，使用烧乐腊法酿制。

4）玛萨拉特酿（Specia1）酒精含量为18%，但是可能加入了香蕉、草莓、可可和鸡蛋进行调香。

玛萨拉酒为甜食酒，一般用作佐助甜品、无盐坚果、水果，在西西里常用于烹饪和烧烤。

（6）马拉加酒（Malaga）

马拉加是西班牙南部的葡萄酒区。该酒酒液有浅白色、金黄色和黄褐色几种，有干型和甜型两种口味。甜型的马拉加酒只用新鲜的葡萄酿制。

四、利口酒

1. 利口酒（Liqueurs 或 Cordial）

利口酒也称为餐后甜酒，酒精度一般为20～40°。通常是在餐后饮用，可帮助消化。利口酒最大的特点就是颜色艳丽，味道芳香，可用于调酒、烹调、烘焙等。

2. 不同种类的利口酒特点

（1）果料利口酒

水果类利口酒主要由三部分构成：水果（包括果实、果皮）、糖料和酒基（食用酒精、白兰地或其他蒸馏酒），一般采用浸渍法生产，口味新鲜、清爽，宜新鲜时饮用。著名的水果利口酒有以下几种。

1）橙皮甜酒（Curacao）。产于荷兰的库拉索岛，以产地而命名。该酒是由橘子皮调香浸制的利口酒。颜色多样：透明无色、绿色、蓝色等。橘香悦人，清爽，优雅，味微苦，适宜作餐后酒和混合酒的配酒，如白兰地柯布勒（Brandy Cobbler）、旗帜（Flag）、橘子香槟（Orange Champagne）、蓝魔（Blue Devil）等混合酒均是以橙皮甜酒作辅助材料配制成的（见图1—147）。

图1—147　橙皮甜酒

2）君度香橙（Cointreau）。君度香橙是由法国的阿道来在18世纪初创造的，经过一个半世纪的发展，君度家族已成为当今世界最大的酒商之一。君度香橙酒畅销世界145个国家，在当今绝大多数酒吧、西餐厅是不可缺少的。

它是法国人引以为荣的标志。

酿制君度酒的原料是一种不常见的青色的类似橘子的水果，其果肉又苦又酸，难以入口。这种果子产于海地的毕加拉、西班牙的卡娜拉和巴西的皮拉。君度厂家对于原料的选择非常严格。在海地，每年的 8 月和 10 月之间，青果子还未完全成熟便被摘下来。为了采摘时不损坏果实，当地农民使用一种少见的刀，在刀下系个塑料袋，当果子砍下后便掉入袋中，然后将果子一切为二，用勺子将果肉挖出，再将只剩下皮的果子切成两半，放在阳光下晒干，经严格的挑选才能用。巴西和西班牙对青果子的处理稍有不同，摘下的果子皮一半晒干，另一半则在新鲜时放入酒精内浸泡一段时间，然后收集样品寄往法国，由酿酒师鉴定后方可使用。

君度酒的制作程序高度保密，主要是因为世代君度家族对这个企业的质量高度重视和珍视。

要尽情体会君度的魅力，莫过于加冰块饮用，酒味芳浓柔滑，轻尝浅啜，乐趣无穷。方法是：在古典杯或岩石杯中加 3～4 块小冰块，然后将一份或两份君度酒，慢慢倒入杯内，待酒色渐透微黄，以柠檬皮装饰即可享受清凉甘甜的美酒。除此之外，君度香橙也是调制鸡尾酒的配料，如著名的旁车（Side Car）、玛格丽特（Magarita）等便是其中两例（见图 1—148）。

3）金万利（Grand Manier）。产于法国的干邑地区，是用苦橘皮浸制调配成的。酒精度在 40°左右，分红、黄两种。桔香突出，口味凶烈，劲大、甘甜、醇浓。

除此之外，白橙味甜酒（Triple Sec）、椰子甜酒（Coconut）也是很好的水果利口酒（见图 1—149）。

图 1—148　君度香橙

图 1—149　金万利

（2）草料利口酒

草本类植物利口酒配制原料是由草本植物组成的，制酒工艺颇为复杂，往往带有浓厚的神秘色彩，配方及生产程序严格保密，名品有以下几种。

1）修道院酒（Chartreuse）。是世界闻名的利口酒，有利口酒女王之誉。因其在修道院酿制并具有治疗病痛的功效，又有灵酒之称。此酒系法国格朗多·谢托利斯（Grand Chartreuse）修道院独家制造，配方保密从不披露。经分析表明：它是以葡萄酒为酒基，浸制 100 多种草药（包括龙胆草、虎耳草、风铃草等）再兑以蜂蜜，成酒后需陈 3 年以上，有的长达 12 年之久（如 V. E. P. 6 年陈酿）。

修道院酒分绿酒（Chartreuse Verte）和黄酒（Chartreuse Jaune）。修道院酒一般作纯饮时少量品饮，也可用来调制鸡尾酒（见图 1—150）。

图 1—150　修道院酒

2）当酒（Benedictine）。原酒简称 D. O. M，是拉丁语 DEO OPTIMO MAXMO 的缩写，意思是献给至高至善的主。此酒同样具有神秘之感，它产于法国的诺曼底地区，参照教士的炼金术配制而成，秘方祖传。经鉴定分析，当酒是用葡萄蒸馏酒作酒基，用 27 种草药调香（包括当归、丁香、肉豆蔻、海索草等）再掺兑蜂蜜配制而成。

当酒在世界上获得成功之后，生产者又用当酒与白兰地兑和，制出另一种产品：B&B（Benedictine and Brandy），同样受到热烈欢迎，它们的酒精含量均为 43%（见图 1—151）。

3）杜林标（Drambuie）。杜林标产于英国，是一种用草药、威士忌和蜂蜜配制成的利口酒。此酒根据古传秘方制造。秘方由爱德华·查理王子的一位法国随从在 1945 年带到苏格兰的。因此在该酒商标上印有“Prince charles Edlward’s liquerr”字样。此酒在美国十分流行，常作为餐后酒或加水饮用（见图 1—152）。

图 1—151　当酒

图 1—152　杜林标

4）加里安奴（Galliano）（见图 1—153）。加里安奴甜酒产自一个世纪以前的意大利，是以意大利的英雄加利安奴将军命名的酒品。它是以食用酒精作基酒，加入了 30 多种香草酿造出来的金色甜酒，味道醇美，香味浓郁。在加利安奴甜酒里，融合了英雄与浪漫的情怀，它给人带来欢乐、温暖，是调酒常用的配料。加利安奴热冲酒（依次将 20 mL 的加利安奴酒、浓咖啡和奶油滤入热冲杯中，依酒品的比重不同，而呈金黄色、咖啡色、乳白色的多彩颜色）是时下很流行的热饮。

图 1—153　加里安奴

（3）种子利口酒

种子利口酒是用植物的种子为原料制成的利口酒。一般用于酿酒的种子多是含油高，香味烈的坚果种子，著名的酒品有以下几种。

1）茴香利口酒（Anisette）。茴香利口酒起源于荷兰的阿姆斯特丹，是地中海诸国最流行的利口酒之一。制酒时，先用茴香和酒精制成的香精，兑以蒸馏酒精和糖液，然后搅拌，再进行冷处理，以澄清酒液。茴香酒最著名的酒厂是法国波尔多地区的玛丽莎（Marie Brizard）（见图 1—154）。

2）杏仁利口酒（Liqueurs d'amandes）。杏仁利口酒以杏仁和其他果仁做酿酒原料，酒液深红发黑，果香突出，口味甘美，以法国、意大利的产品最好。如埃及人制造的方津杏仁力娇酒（DISARONNO）（见图 1—155）、意大利的亚马度（Amaretto）、法国的果核酒（Creme de Noyaux）等均是著名的杏仁利口酒。

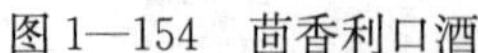
图 1—154　茴香利口酒

图 1—155　埃及人制造的方津杏仁力娇酒

（4）乳脂利口酒

乳脂利口酒是一种比较稠浓的利口酒。用来作利口乳酒的原料可以是水果、草料，也可以是植物的种子，著名的酒品有以下几种。

1）咖啡乳酒（Creme de Cafe）。该酒是以咖啡豆为原料酿制的，先烘焙粉碎咖啡豆，再进行浸制、蒸馏、勾兑、加糖、澄清、过滤而成，酒精度为 26°左右，主要产于咖啡生产国。著名的咖啡利口酒有：咖啡甜酒 Kahlua（见图 1—156），玛丽泰 Tia Maria（见图 1—157）。

图 1—156　咖啡甜酒

图 1—157　玛丽泰

2）可可乳酒（Creme de Cacao）（见图 1—158）。该酒用可可豆配制而成，主要产于西印度群岛，与咖啡乳酒的制作方法相似。

图 1—158　可可乳酒

第 2 节　国际流行鸡尾酒调制

本节对鸡尾酒的知识进行了详尽的讲解，并对 36 款国际流行鸡尾酒调制方法进行了逐一讲解。在学习过程中，要重点掌握鸡尾酒调制的步骤和原则。

学习单元 1　鸡尾酒调制原理

学习目标

- 了解鸡尾酒的定义及分类
- 掌握调制鸡尾酒的步骤及动作规范、调制方法、原则、注意事项
- 能使用不同方法调制鸡尾酒

知识要求

一、鸡尾酒的定义及分类

1. 鸡尾酒的定义

鸡尾酒是将两种或两种以上的饮料，通过一定方式加以混合，得到的具有酒精

的饮料。

2. 鸡尾酒的分类

（1）鸡尾酒按照饮用时间分类

1）短饮意即短时间内喝的鸡尾酒，时间一长风味就减弱了。此种酒采用摇或搅拌以及冰镇的方法制成，使用鸡尾酒杯。一般鸡尾酒在调好后 10～20 min 饮用为好。大部分酒精度为 30°左右。

2）长饮是适于消磨时间、悠闲饮用的鸡尾酒。兑上碳酸饮料如苏打水、果蔬饮料如果汁等。长饮鸡尾酒几乎全都是用柯林杯或海波杯或柯林斯杯这种大容量的杯子。它是加冰的冷饮，也有加开水或热奶趁热喝的，尽管如此，一般认为 30 min 左右饮用为好。与短饮相比，长饮大多酒精浓度低。

（2）按照制作方法不同分类

1）果汁水酒（Collins）。烈性酒中加柠檬汁和砂糖或糖浆，再加满苏打水。著名的有约翰克林酒、汤加连酒等。

2）清凉饮料（Cooler）。烈性酒中加柠檬、酸橙的果汁和甜味料，再加满苏打水或姜麦酒。也有以葡萄酒为基酒的无酒精的类型。

3）香甜酒（Flip）。在葡萄酒、烈性酒中加鸡蛋、砂糖。喜欢的话最后撒上点肉豆蔻，有冷热两种。

4）餐后饮料（Pousse Cafe）。把任何种类的烈性酒、甜露酒、鲜奶按密度的大小依次倒进杯子，使之不混合在一起的类型，如天使之吻等。重要的是调制前要了解各种酒的密度。

5）宾治（Punch）。以葡萄酒、烈性酒为基酒，加入各种甜露酒、果汁、水果等制成。作为宴会饮料，多用混合香甜饮料的大酒钵调制，几乎都是冷饮，但也有热的。

6）酸味鸡尾酒（Sour）。在烈性酒中加柠檬汁、砂糖等。此酒在美国原则上不用苏打水，其他国家有用苏打水和香槟酒的。

二、调制鸡尾酒的步骤及动作规范

1. 做好调酒前的准备

将调酒用具、酒水、辅酒、辅料、载杯、装饰物等准备好。

在调酒之前，要将所需要的材料和酒杯，器具都准备好，以方便使用。因为如果在调制的过程中再去匆匆忙忙地找所需要的东西，耽误了时间，会影响鸡尾酒的质量，这样是不可能调出好的鸡尾酒的。

先按配方把所需的酒水备齐，放在调酒工作台上的专用位置。再把所需的调酒用具如：酒杯、辅料、装饰品准备好。

2. 选择杯具

根据每款酒的配方选择所需载杯及调酒用具。

3. 冰杯

通常在制作环境温度超过 24℃时，需要冰杯，以免由于载杯温度过高而影响酒品出品质量。具体方法是在杯中加满冰块，放置至调制完成时，将冰块倒掉。子弹杯作为载杯时则不需要此环节。

4. 加入材料

注意按照配方顺序加入辅料、辅酒，再加入基酒。

（1）传瓶（Pass the drinks）

将酒瓶从酒柜或操作台传到手上，或者两手之间传递的过程，要求动作简洁，且尽量避免频繁的两手间的传递。

（2）示瓶（Display the drinks）

把酒瓶展示给客人，一手托住瓶下底部，另一只手拿住瓶颈部，呈 45°角把商标面向客人。

传瓶至示瓶是一个连贯的动作。

（3）开瓶（Open the drinks）

“开瓶”是在酒吧没用酒嘴时使用的方法。如果开启碳酸饮料则需要放低动作，开口方向要避开人和物品，以免饮料喷射。

（4）量酒（Measure the drinks）

开瓶后立即拿起量杯，两臂略微抬起呈环抱状，保持量杯位于容器的正上方几厘米处，量杯要端平。然后将酒倒入量杯，达到用量后快抬瓶口，并马上将酒倒入所用的容器中。之后放下量杯，拧紧瓶盖，将酒瓶归位。持瓶的手要牢，倒酒时保持酒液流速均匀，结束倒酒时抬瓶口要快，避免酒液过量或者溢出；持量杯的手要稳，避免量杯倾斜或者颤抖导致的酒液滴洒。

5. 加冰

在调酒壶或调酒杯中加入适量冰块。加冰动作要干净利落，以免耽搁时间过久冰块融化。

加入材料和冰块的先后顺序是根据出品酒水特点而决定的。通常情况下，出品的酒水没有冰块的，在制作时应该先放材料后加入冰块，以免冰块放入过早导致稀释酒液而影响了出品质量，通常这类酒都是使用鸡尾酒杯作为载杯；出品的酒水有冰块的，在制作时应该先放冰块，以免因冰块间的缝隙导致酒液无法快速、充分与冰块混合，也会影响出品质量，通常这类酒都是使用古典杯或岩石杯，或者海波杯或柯林斯杯作为载杯。

6. 调制

根据酒品特点，使用正确的调制方法，按照规范动作操作，调制鸡尾酒。

7. 倒入杯中

装杯时，一手扶杯，一手倒酒。平底无角杯如古典杯或岩石杯，海波杯或柯林斯杯等平底杯应轻扶杯子底部，高脚杯或脚杯应拿中间细柄部，切忌用手拿杯口，如手上有酒液或者水渍应先擦拭干净再扶杯，以免污染载杯；倒酒时应按顺时针方向将酒液倒入杯中，调酒杯或者调酒壶不可碰触载杯杯口，注入的酒液应保持在中心位置，避免酒液流速不稳或者位置偏移导致酒液溢出或沾染杯身而影响出品的美观度。

注入的酒应保持距杯口八分满为宜。

8. 装饰

根据配方或者酒品特点进行装饰，保持装饰物的清洁。

9. 出品

根据饮用要求提供服务用品，如搅棒、吸管及杯垫等。之后清理工作台及清洗调酒用具，将用完的酒水、辅料放回原处。

三、鸡尾酒的调制方法

调制鸡尾酒的方法通常有以下几种：

1. 摇和法（Shake）

摇和法又称为摇荡法、摇晃法。操作时先将冰块放入调酒壶中，接着加入各种辅料和配料，再加入基酒，然后改进调酒壶，双手或单手执壶摇晃约 5～10 s（至调酒壶外表起霜时停止），摇匀后立即打开调酒壶用滤冰器滤去残冰，将饮料倒入载杯中，用适当的装饰物点缀，放置在杯垫上即为成品。应注意的是有汽的酒水及饮料不可放置摇酒壶中摇晃。

（1）单手摇法（适合小号 250 mL、中号 350 mL 摇酒壶）

调酒器中加入少量冰块，量好所需材料，依次倒入调酒壶中。盖上过滤器及壶帽，用右手或左手食指按住壶帽，其余四个手指的指尖抵住壶身，手心远离壶身，手腕左右快速旋转，手臂在身体右侧，自然上下摆动呈“S”或“8”字形摇动，循环往复。此时调酒师会听到冰块在壶体中发出的铿锵的节奏声。

要求力度大，速度快，有节奏，动作连贯。此时身体要站正，两脚微微分开，腰部挺直，肩摆正，另外一只手背后，面带微笑。摇和时间大概在 5～10 s 钟左右（至调酒壶外表起霜时停止），若遇到配方中有蛋清或整个生鸡蛋时，摇荡的时间要长一些，约在 30 s 左右，这样才能使生鸡蛋清或整个生鸡蛋与酒液充分融合。

打开摇酒壶帽，将酒液滤出，倒入载杯。

（2）双手摇法（适合大号摇酒壶 530 mL、750 mL）

在调酒器中量好所需材料，依次倒入调酒壶中，加入少量冰块，盖上过滤器及壶帽。一手中指按住壶底，拇指按住壶中间过滤盖处，其他手指自然伸开。右手拇指按住壶帽，其余手指自然伸开固定壶身。壶帽朝向调酒师，壶底朝外，并略向上方。

摇动的方法有两种：

1）水平前后摇动时，双手拿着调酒壶，移至肩膀与胸部的正中位置，保持水平，前后做有韵律的运动。

2）斜向上下摇动时，双手拿着调酒壶，移至右肩前方，壶底向上，在右胸前做斜线上下摇动。

摇晃时速度要快，摇动时间约 5～10 s，摇酒壶表面结霜即可。若遇到配方中有奶油或生鸡蛋时，摇荡的时间要长一些，约在 30 s 左右，这样才能使黏稠原料酒液充分融合。

2. 调和法（Stir）

调和法又称搅拌法，分为调和（Stir）、调和滤冰（Stir & Strain）两种。

（1）调和是把酒水按配方分量倒入酒杯中，加进冰块，用吧匙搅拌均匀（多用柯林杯、平底杯）。

（2）调和滤冰是酒水与冰块按配方分量倒进调酒杯里，用吧匙搅拌，然后用滤冰器过滤冰块，将酒水斟入酒杯中（一般使用鸡尾酒杯）。

调和法操作的方法是一手拇指和食指持杯的底部，另一只手按握毛笔姿势，使吧匙背沿杯内壁顺时针方向搅拌（搅拌时只有冰块转动声），直至杯外部有水珠淅出或手感冰凉，搅拌即可停止。

滤冰的方法是把酒水按配方的分量倒入酒杯中，加进冰块，用调酒匙搅拌五六圈，均匀后，将滤冰器放在调酒杯口，用滤冰器过滤冰块，迅速将调好的酒水滤出，将酒水斟入载杯中。

3. 兑和法（Build）

（1）兑和法操作方法一

一些酒水由于密度差异大，所以可以将配方中的酒水按分量直接倒入杯中，不需搅拌或做轻微的搅拌。如特基拉日出（见图 1—159）。

（2）兑和法操作方法二

成品酒需要表现出明显的分层。调制过程中将配方中的酒水按其密度不同（密度大的先倒，密度小的后倒）逐一慢慢用调酒匙贴紧杯壁慢慢地将酒水倒入，以免冲撞混合。注意倒酒的时候手要平稳，手腕控制好酒液的流速，呼吸均匀。调制要求酒水之间不能混合，层次分明，色彩绚丽。如彩虹鸡尾酒、天使之吻、B52 的调制（见图 1—160）。

图 1—159　特基拉日出

图 1—160　B52

4. 搅和法（Blend）

搅和法使用的调酒用具是电动搅拌机 Blender。操作时将碎冰、辅料、配料、基酒按配方分量放进电动搅拌机中，盖好搅拌机盖，启动电动搅拌机运转 10 s 左右，各种原料充分混合后连冰块带酒水一起倒入载杯中。

四、调制鸡尾酒的原则

1. 调制方法的原则

（1）调酒原材料中，全部是透明的，且各种酒水密度较低，通常使用调和法（stir）。

（2）调酒原材料中，全部或部分是非透明的，或酒水密度较高，通常使用摇和法（shake）。

（3）调酒原材料中，有固体状态的，通常使用搅和法（blend）。

（4）成品酒需要分层的，通常使用兑和法（build）。

（5）含气体的碳酸类饮类不能在调酒壶中摇制。

（6）所有鸡尾酒必须严格按配方调制。

（7）鸡尾酒成品不带冰的，在制作时一般先放入材料后放冰块。

（8）鸡尾酒成品带冰的，在制作时一般先放冰块后放材料。

2. 使用载杯的原则

（1）成品酒不带冰的一般使用鸡尾酒杯或烈饮杯。

（2）成品酒带冰块的一般使用古典杯或岩石杯。

（3）成品酒带冰和碳酸饮料、果汁的一般使用柯林杯或海波杯。

（4）酒杯与酒体要协调，给人以赏心悦目的感觉。

3. 保证质量的原则

（1）不要用手去直接接触鸡尾酒、冰块、杯边或装饰物。

（2）调酒工具使用后应立即清洁。

（3）遵循即调即饮原则，以保证酒品的质量和新鲜口感。

（4）保证原材料的新鲜，尤其是蛋、奶类。

五、调制鸡尾酒的注意事项

1. 酒将倒空时，应另开新酒，不要将快空了的残酒倒给客人。

2. 配方中要求的蛋黄、蛋白均要用新鲜的（生产日期在三天以内）。因为虽然鸡尾酒中所用的蛋白只是为了增加酒的泡沫和调节酒的颜色而对酒的味道不会产生影响，但如果所选用的材料不新鲜则会产生怪味或达不到要求从而导致调酒失败。在打开鸡蛋的操作中，始终要在一个单独的杯子中进行，这样可以检查其新鲜程度。切勿将其直接加到调酒器里。

3. 保持双手干净，在操作过程中不能接触钱或其他不洁物质，更不可有抠耳朵或撩头发等行为。

4. 装饰用的水果一定要新鲜。隔天的水果（包括加工完毕的水果）即使用保鲜膜包装也不可以再使用；而对于罐装的装饰用水果（如樱桃，杨梅等），要根据当天的使用量提前用清水冲洗干净，用保鲜膜封好，放入冰箱中备用，虽然可以隔天使用，但再次使用前一定要注意其是否腐坏。

5. 调酒所用到的冰块，应尽量使用新制的。新制的冰块质地坚硬，不易融化。一定要养成调制酒水完毕后将瓶盖拧紧并复归原位的习惯。

6. 牢记每种原料的位置，不要在调酒过程中出现手忙脚乱，使酒杯发出碰撞声或产生酒瓶倒下等情况，会使客人产生一种不信任感。

7. 1杯以上的相同鸡尾酒，无论是1次调制完成还是几次完成，不应倒完第1杯再倒第2杯，而是应该将酒杯排开，杯缘相连，从左至右再从右至左平均分配，这样可以保证几杯酒的品位完全相同（避免了由于手掌温度使调酒器里的冰块融化而造成出酒前后浓度不均匀等不利因素）。

8. 配方中有碳酸饮料的，碳酸饮料一定要最后加。

技能要求

国际常用的四种调制鸡尾酒方法如下。

一、操作准备

调酒用具、载杯。

二、操作步骤

1. 摇和法

（1）用具准备

冰、摇酒壶、量酒器、载杯（见图1—161）。

（2）调制酒水

1）双手摇法。双手摇法的正确持壶姿势（见图1—162）。

图1—161　摇和法用具准备

图1—162　双手摇法的正确持壶姿势

①双手摇正面图（见图1—163）。

②双手摇侧面图（见图1—164）。

图 1—163　双手摇正面图

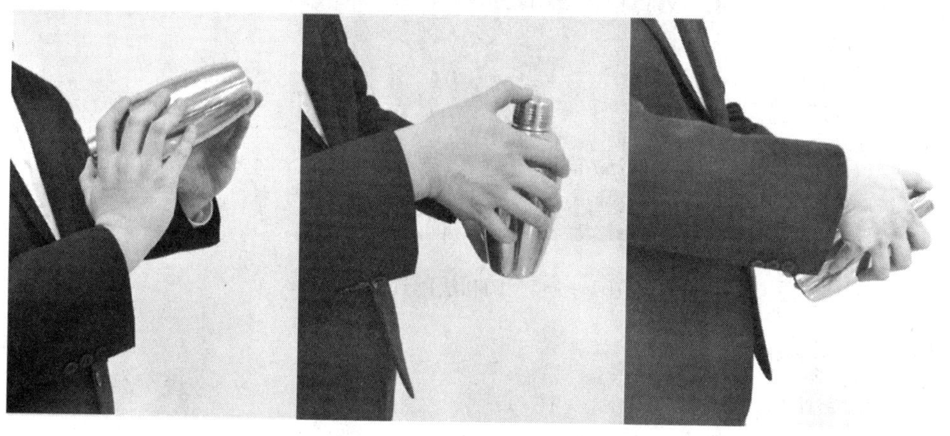

图 1—164　双手摇侧面图

2）单手摇法（见图 1—165）

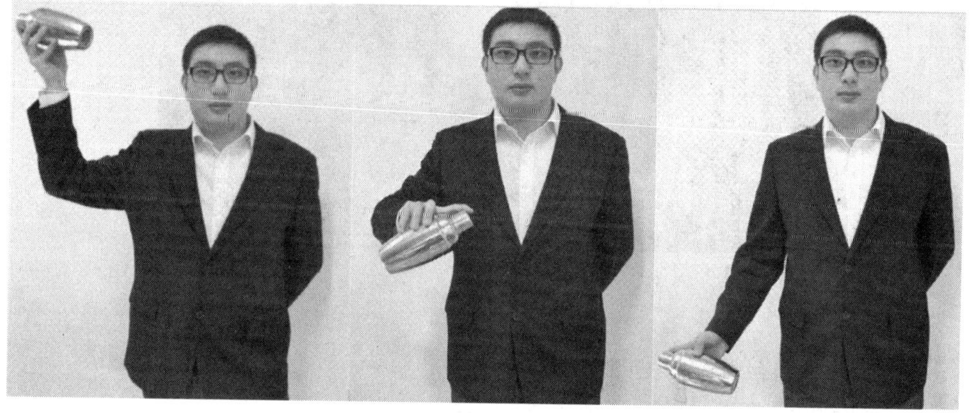

图 1—165　单手摇

（3）整理操作台、清洗用具并复位

2. 调和法

（1）用具准备

冰、摇酒壶、量酒器、吧匙、载杯（见图 1—166）。

图 1—166　调和法用具准备

（2）调制酒水

1）在摇酒壶中调制（见图 1—167）。

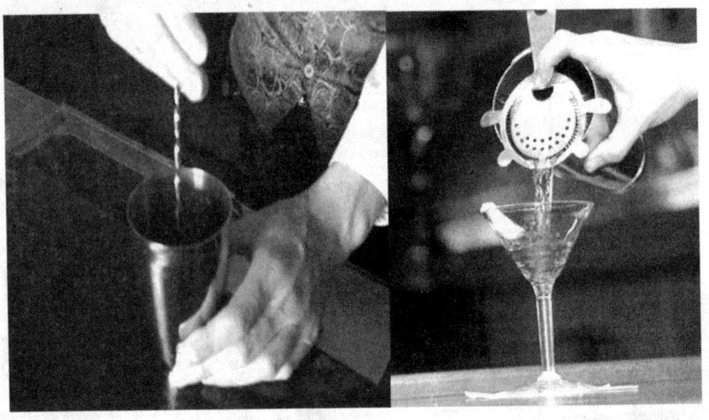

图 1—167　在摇酒壶中调制后滤冰

2）在杯中直接调配（见图 1—168）。

3. 兑和法

（1）准备用具

图 1—168　在杯中直接调配

量酒器、吧匙、载杯、装饰物、口布（见图 1—169）。

（2）调制酒水

1）用量酒器精确量出酒水用量（见图 1—170）。

图 1—169　兑和法准备用具

图 1—170　用量酒器精确量出酒水用量

2）吧匙探入杯中抵住杯内壁，将量酒器中酒液缓缓倒于吧匙上，吧匙朝向可向上或者向下，使用吧匙方法（见图 1—171）。

4. 搅和法

（1）准备用具

冰、电动打碎机（见图 1—172）、量酒器、固体水果或原料、载杯。

（2）调制酒水

搅动液体，制作出相应成品。

图1—171 吧匙使用方法

图1—172 电动打碎机

学习单元2 鸡尾酒相关美学知识

学习目标

➢ 了解鸡尾酒的特点及颜色和口味的调配

知识要求

一、鸡尾酒的特点

鸡尾酒经过200多年的发展，现代鸡尾酒已不再是若干种酒及乙醇饮料的简单混合物。虽然种类繁多，配方各异，但都是由各调酒师精心设计的佳作，其色、香、味兼备，圆润、协调的味觉外，观色、嗅香，更有享受、快慰之感。甚至其独特的载杯造型，简洁恰当的装饰点缀，无一不充满诗情画意。总观鸡尾酒的性状，现代鸡尾酒应有如下特点。

1. 混合饮品

鸡尾酒由两种或两种以上的饮料调和而成，其中至少有一种为酒精性饮料。柠檬水、中国调香白酒等则不属于鸡尾酒。

2. 品种繁多

用于调酒的原料有很多类型，各类鸡尾酒所用的配料种数也不相同，如两种、三种甚至五种以上。就算以流行的配料种类确定的鸡尾酒，各配料在分量上也会因地域不同、人的口味各异而有较大变化，从而冠用新的名称。

3. 具刺激性

鸡尾酒具有明显的刺激性，能使饮用者兴奋，因此具有一定的酒精浓度。适当的酒浓度使饮用者紧张的神经和缓，肌肉放松等。

4. 增进食欲

鸡尾酒应是增进食欲的滋润剂。饮用后，由于酒中含有的微量如酸味、苦味等饮料的作用，饮用者的口味将有所改善。

5. 口味卓越

鸡尾酒必须有卓越的口味，而且这种口味应该优于单品饮料。品尝鸡尾酒时，舌头的味蕾只有充分扩张，才能尝到刺激的味道。如果过甜、过苦或过香，就会影响品尝风味的能力，降低酒的品质，这是调酒时所不允许的。

6. 属于冷饮

大多数鸡尾酒需加冰，足够冷冻。如朗姆类混合酒，以沸水调节器配，自然不属典型的鸡尾酒。当然，也有些酒种既不用热水调配，也不强调加冰冷冻，但其某些配料是温的或处于室温状态的，如调制彩虹酒。

7. 色泽优美

鸡尾酒应具有细致、优雅、匀称的色调。常规的鸡尾酒有澄清透明的或浑浊的两种类型。澄清型鸡尾酒应该是色泽透明，除极少量因鲜果带入固形物外，没有其他任何沉淀物。

8. 盛载考究

鸡尾酒应由式样新颖大方、颜色协调得体、容积大小适当的载杯盛载。装饰物虽非必须，但却常有。它们对于酒，犹如锦上添花，使之更有魅力。其实某些装饰物本身也是调味料。

二、鸡尾酒颜色和口味的调配

1. 颜色的调配

鸡尾酒之所以如此具有魅力，和它那缤纷的色彩是分不开的。色彩的配制在鸡尾酒的调制中至关重要。

（1）鸡尾酒原料的基本色

鸡尾酒是通过基酒和各种辅料调配混合而成的。这些原料的不同颜色是构思鸡尾酒色彩的基础。下面就原料的基本色彩作一下介绍。

1）糖浆由各种含糖比重不同的水果制成的，颜色有红色、浅红色、黄色、绿色、白色等。较为熟悉的糖浆有红石榴糖浆（深红）、山楂糖浆（浅红）、香蕉糖浆（黄色）、西瓜糖浆（绿色）等。糖浆是鸡尾酒中的常用调色辅料。

2）果汁是通过水果挤榨而成的具有水果的自然颜色，且含糖量比糖浆要少得多。常见有橙汁（橙色）、香蕉汁（黄色）、椰汁（白色）、西瓜汁（红色）、草莓汁（浅红色）、西红柿汁（粉红）等。

3）利口酒颜色十分丰富，几乎赤、橙、黄、绿、青、蓝、紫全包括。有些利口酒同一品牌有几种不同颜色，如可可酒有白色、褐色；薄荷酒有绿色、白色；橙皮酒有蓝色、白色等。利口酒也是鸡尾酒调制中不可缺少的辅料。

4）基酒除伏特加、金酒等少数几种无色烈酒外，大多数酒都有自身的颜色，这也是构成鸡尾酒色彩的基础。

（2）鸡尾酒颜色的调配

鸡尾酒颜色的调配需按色彩配比的规律调制。

1）分层鸡尾酒的色彩调配

①在调制彩虹酒时，首先要使每层酒应为等距离，以保持酒体形态最稳定的平衡；其次应注意色彩的对比，如红与绿、黄与蓝是接近补色关系的一对色，白与黑是色明度差距极大的一对色；最后是将暗色、深色的酒置于酒杯下部，如红石榴汁；明亮或浅色的酒放在上部如白兰地、浓乳等，以保持酒体的平衡。只有这样调出来的彩虹酒才会给人观感美。

②在调制有层色的部分海波饮料、果汁饮料时，应注意颜色的比例配备。一般来说暖色或纯色的诱惑力强，应占面积小一些，冷色或浊色面积可大一些。如特基拉日出，红石榴汁用量子盎司，小沉杯底，上面大部分为淡橙色这样就平衡，产生一种美感。

2）鸡尾酒的色彩混合调配。在鸡尾酒家族中，绝大部分鸡尾酒都是将几种不同颜色的原料进行混合调制成某种颜色的鸡尾酒。因此需要调酒师在制作鸡尾酒时要做到以下几点：

①事先了解两种或两种以上的不同颜色混合后产生的新颜色。如黄、蓝混合成绿色，红与蓝混合成紫色，红、黄混合成橘色，绿色、蓝色混合而成青绿色等。

②在调制鸡尾酒时，应把握好不同颜色原料的用量。颜色原料用量过多，色深，量少则色浅，酒品就达不到预想的效果。如红粉佳人，主要用红石榴汁来调出粉红色的酒品效果，在标准容量鸡尾酒杯（4～5 oz）中一般用量为1吧匙，多于

1 吧匙，颜色为深红，少于 1 吧勺，颜色成淡粉色，体现不出“红粉佳人”的魅力。

③注意不同原料对颜色的作用。冰块是调制鸡尾酒不可缺少的原料，不仅对饮品起冰镇作用，对饮品的颜色、味道也起稀释作用。冰块在调制鸡尾酒时的用量、时间长短直接影响到颜色的深浅。另外，冰块本身具有的透亮性，在古典杯或岩石杯中加冰块的饮品更具有光泽，更显晶莹透亮，如君度加冰、威士忌加冰、金巴利加冰、加拿大雾酒等。

④奶、蛋等均具有半透明的特点，且不易同饮品的颜色混合。调制中用这些原料时奶起增白效果，蛋清增加泡沫，蛋黄增强口感，使调出的饮品呈朦胧状，增加饮品的诱惑力。如青草蠓、金色菲士等。

⑤碳酸饮料配制饮品时，一般在各种原料成分中所占比重较大，酒品的颜色都较浅或味道较淡。碳酸饮料对饮品颜色有稀释作用。

⑥果汁原料因其所含色素的关系，本身具有颜色，注意颜色的混合变化。如日月潭库勒，绿薄荷和橙汁一起搅拌，使其呈草绿色。

3）酒吧是最讲究氛围的场所，通过鸡尾酒的不同色彩来传达不同的情感以创造特殊的酒吧情调。

红色鸡尾酒和混合饮料，表达一种幸福和热情、活力和热烈的情感；紫色饮品，给人高贵而庄重的感觉；粉红色的饮品，传达浪漫、健康的情感；黄色饮品，给人一种辉煌，神圣的象征；绿色饮品，联想起大自然，使人感到年轻，充满活力、憧憬未来；蓝色饮品，既可给人以冷淡、伤感的联想，又使人产生平静希望的象征；白色饮品，给人纯洁、神圣、善良的感觉。

2. 鸡尾酒的口味调配

人们对味道的感受是通过鼻（嗅觉）和舌（味觉）来体验的。鸡尾酒味道是由各种具有天然香味的饮料成分来调配的，所以它的味道调配过程不同于食品的烹调。食品一般需要在烹调过程中通过煎、炒、熏、炸等加热方法，使其不同风味的物质挥发，而酒和果汁等饮料中主要是挥发性很强的芳香物质，如醇类、脂类、醛类、酮类、烃类等，如果温度过高，芳香物质会很快挥发，香味会消失。鸡尾酒通过加冰块在最佳的保持芳香味的温度下完成调制。鸡尾酒调出的味道一般都不过酸，过甜，是一种味道较为适中，能满足人们的各种口味需要的饮品。

（1）原料的基本味

1）酸，柠檬汁、青柠汁、西红柿汁等。

2）甜，糖、糖浆、蜂蜜、利口酒等。

3）苦，金巴利苦味酒、苦精及新鲜橙汁等。

4）辣，辛辣的烈，以及辣椒、胡椒等辣味调料。

5）咸，盐。

6）香，酒及饮料中有各种香味，尤其是利口酒中有多数水果和植物香味。

（2）混合口味调配的规律

将以上不同味道的原料进行组合，调制出具有不同风味和口感的饮品。

1）绵柔香甜的饮品。选用乳、奶、蛋和具有特殊香味的利口酒调制而成的饮品。如白兰地亚历山大，金色菲士等。

2）清凉爽口的饮品。选用碳酸饮料加冰与其他酒类配制的长饮，具有清凉解渴的功效。

3）酸味圆润，味道鲜美的饮品。以柠檬汁、西柠汁和利口酒、糖浆为配料与烈酒调配出的酸甜鸡尾酒，香味浓郁、入口微酸，回味甘甜。这类酒在鸡尾酒中占有很大比重。酸甜味比例根据饮品及各地人们的口味不同，并不完全一样。

4）酒香浓郁的饮品中基酒占绝大多数比重，使酒体本味突出，配少量辅料增加香味，如马丁尼、曼哈顿。这类酒含糖量少，口感干冽。

5）微苦香甜的饮品。选用以金巴利或苦精为辅料调制出来的鸡尾酒，如亚美利加诺、尼格龙尼等。这类饮品入口虽苦，但持续时间短，回味香甜，并有清热的作用。

6）果香浓郁丰满的饮品。选用新鲜果汁配制的饮品，酒体丰满具有水果的清香味。

不同地区的人们对鸡尾酒口味的要求各不相同，在调制鸡尾酒时，应根据顾客的喜好来调配。一般欧美人不喜欢含糖或含糖高的饮品，为他们调制鸡尾酒时，糖浆等甜物要少放，碳酸饮料最好用不含糖的。对于东方人，如日本、港台顾客，他们喜欢甜口，可使饮品甜味略突出。在调制鸡尾酒时，还应注意世界上各种流行口味的鸡尾酒，如酸甜类鸡尾酒或含苦味鸡尾酒是目前较流行的饮品。对于有特殊口味要求的顾客可征求客人意见后调制。

（3）不同场合的鸡尾酒口味

鸡尾酒种类五花八门，尽管在鸡尾酒酒吧中，应有尽有，但是某一特定的场合对鸡尾酒的品种、口味有特殊的要求。

1）餐前鸡尾酒是指在餐厅正式用餐前或者是在宴会开始前提供的鸡尾酒。这类鸡尾酒的特点是酒精含量较高，具有开胃作用的酸味、辣味，如马丁尼、吉姆莱特等。

2）餐后鸡尾酒是指在正餐后饮用的鸡尾酒品，要求口味较甜，具有助消化，收胃功能。如黑俄罗斯等。

3）休闲场合鸡尾酒是游泳池旁、保龄球场、台球厅等场所提供的鸡尾酒。要求酒精含量低或者无酒精饮料，以清凉、解渴的饮料为佳，一般为果汁混合饮料、碳酸混合饮料等。

学习单元 3　36 款国际流行鸡尾酒调制

学习目标

➢掌握 36 款鸡尾酒的配方

➢能制作 36 款国际流行鸡尾酒

知识要求

36 款国际流行鸡尾酒配方

一、使用摇和法制作的鸡尾酒

1. 威士忌酸（Whisky sour）

（1）原料

1 盎司波本威士忌，2 oz 鲜柠檬汁，0.5 oz 糖浆。

（2）装饰物

鲜柠檬片。

（3）载杯及用具

摇酒壶，量酒器，鸡尾酒杯。

2. 红粉佳人（Pink Lady）

（1）原料

1.5 oz 金酒，0.25 oz 红石榴糖浆，0.5 oz 鲜柠檬汁，1 个新鲜鸡蛋清。

（2）载杯及用具

摇酒壶，量酒器，鸡尾酒杯。

3. **白兰地亚历山大（Brandy Alexander）**

（1）配方

1 oz 白兰地，1 oz 黑可可酒，1 oz 鲜牛奶。

（2）装饰物

豆蔻粉。

（3）载杯及用具

鸡尾酒杯，量酒器，摇酒壶。

4. **得其利（Daiquiri）**

（1）原料

1.5 oz 白朗姆酒，0.5 oz 糖浆，1 oz 鲜柠檬汁。

（2）装饰物

糖边。

（3）载杯及用具

摇酒壶，量酒器，鸡尾酒杯。

5. **咸狗（Salty Dog）**

（1）原料

1 oz 伏特加，3 oz 鲜西柚汁。

（2）装饰物

新鲜青柠角，盐边。

（3）载杯及用具

摇酒壶，量酒器，鸡尾酒杯。

6. **血玛丽（Bloody Mary）**

（1）原料

1 oz 伏特加，3 oz 番茄汁，0.5 oz 鲜柠檬汁，少许李派林，辣椒仔，盐粉，黑胡椒粉。

（2）装饰物

芹菜杆，鲜柠檬片。

（3）载杯及用具

海波杯，量酒器，吧匙。

7. **长岛冰茶（Long Island Iced Tea）**

（1）原料

1 oz 白朗姆酒，1 oz 伏特加，1 oz 金酒，1 oz 龙舌兰酒，0.75 oz 君度，1 oz

鲜柠檬汁，3 oz 可乐。

(2) 装饰物

柠檬角。

(3) 载杯及用具

海波杯，量酒器，摇酒壶。

8. 百家得鸡尾酒 (Bacardi Cocktail)

(1) 原料

2 oz 白朗姆酒，0.2 oz 红石榴糖浆，0.75 oz 鲜青柠檬汁。

(2) 载杯及用具

鸡尾酒杯，量酒器，摇酒壶。

9. 边车 (Side Car)

(1) 原料

2 oz 白兰地酒，0.5 oz 白橙利口酒，0.5 oz 鲜柠檬汁。

(2) 载杯及用具

鸡尾酒杯，量酒器，摇酒壶。

10. 玛格丽特 (Margarita)

(1) 原料

1 oz 龙舌兰酒，0.5 oz 鲜柠檬汁，0.5 oz 白橙利口酒。

(2) 装饰物

盐边，青柠角。

(3) 载杯及用具

玛格丽特杯或鸡尾酒杯，量酒器，摇酒壶。

11. 蓝色玛格丽特 (Blue Margarita)

(1) 原料

1.5 oz 龙舌兰酒，0.5 oz 青柠檬汁，0.5 oz 白橙利口酒，0.5 oz 蓝橙利口酒。

(2) 载杯及用具

玛格丽特杯或鸡尾酒杯，量酒器，摇酒壶。

12. 种植者宾治 (Planter Punch)

(1) 原料

1 oz 黑朗姆酒，0.75 oz 柠檬汁，1 oz 红石榴糖浆，苏打水。

(2) 装饰物

柠檬片，橙片。

（3）载杯及用具

海波杯或柯林斯杯，量酒器，吧匙。

13. 占冽（Gimlet）

（1）原料

1.5 oz金酒，0.75 oz青柠汁。

（2）装饰物

鲜青柠片。

（3）载杯及用具

鸡尾酒杯，量酒器，摇酒壶。

14. 布朗克斯（Bronx）

（1）原料

1.5 oz金酒，0.5 oz甜味美思，0.5 oz干味美思，1 oz橙汁。

（2）载杯及用具

鸡尾酒杯，量酒器，摇酒壶。

15. 汤姆柯林斯（Tom Collins）

（1）原料

2 oz金酒，1 oz柠檬汁，0.5 oz糖水，注满苏打水。

（2）装饰物

柠檬片。

（3）载杯及用具

海波杯，量酒器，摇酒壶。

16. 新加坡司令（Singapore Sling）

（1）原料

1.5 oz金酒，0.75 oz樱桃白兰地，0.5 oz红石榴糖浆，0.5 oz柠檬汁，注满苏打水。

（2）装饰物

柠檬片，红樱桃。

（3）载杯及用具

海波杯，量酒器，摇酒壶。

17. 两者之间（Between the Sheets）

（1）原料

0.75 oz白朗姆酒，0.75 oz白兰地，0.75 oz君度，0.5 oz鲜柠檬汁。

（2）载杯及用具

海波杯，量酒器，摇酒壶。

18. **金菲士**（Gin Fizz）

（1）原料

1 oz 金酒，0.75 oz 柠檬汁，0.25 oz 糖水，1 个新鲜蛋清，注 8 分满苏打水。

（2）装饰物

柠檬片，吸管。

（3）载杯及用具

海波杯，量酒器，吧匙，摇酒壶。

19. **金色菲士**（Golden Fizz）

（1）原料

2 oz 金酒，1 oz 鲜柠檬汁，0.5 oz 糖水，1 个新鲜蛋黄，注满苏打水。

（2）装饰物

红樱桃，柠檬片，吸管。

（3）载杯及用具

海波杯，量酒器，摇酒壶。

20. **青草蜢**（Grasshopper）

（1）原料

1 oz 绿薄荷酒，1 oz 白可可酒，1 oz 鲜牛奶。

（2）载杯及用具

鸡尾酒杯，量酒器，摇酒壶。

二、使用调和法制作的鸡尾酒

1. **干马天尼**（Dry Martini）

（1）原料

2 oz 金酒，0.5 oz 干味美思。

（2）装饰物

两个橄榄。

（3）载杯及用具

摇酒壶，量酒器，调酒棒，鸡尾酒杯，吧匙。

2. **螺丝刀**（Screw Driver）

（1）原料

1 oz 伏特加，3 oz 橙汁。

（2）载杯及用具

古典杯或岩石杯，量酒器，吧匙。

3. 罗布罗伊（Rob Roy）

（1）原料

2 oz 苏格兰威士忌，少许甜味美思。

（2）装饰物

红樱桃。

（3）载杯及用具

鸡尾酒杯，量酒器，吧匙，调酒杯。

4. 凯尔（Kir）

（1）原料

1 oz 黑草莓利口酒，6 oz 冰镇白葡萄酒。

（2）载杯及用具

白葡萄酒杯，量酒器，吧匙。

5. 皇室凯尔（Kir Royal）

（1）原料

1 oz 黑草莓利口酒，6 oz 冰镇香槟或葡萄汽酒。

（2）载杯及用具

香槟杯，量酒器，吧匙。

6. 自由古巴（Free Cuba）

（1）原料

1 oz 白朗姆酒，0.5 oz 鲜柠檬汁，可乐。

（2）装饰物

鲜青柠角。

（3）载杯及用具

海波杯，量酒器，吧匙。

7. 黑俄罗斯（Black Russian）

（1）原料

1.5 oz 伏特加，0.75 oz 咖啡利口酒。

（2）装饰物

柠檬角。

（3）载杯及用具

古典酒杯，量酒器，吧匙。

8. 白俄罗斯（White Russian）

（1）原料

1 oz 伏特加，0.75 oz 咖啡蜜酒，0.5 oz 牛奶。

（2）载杯及用具

古典酒杯，量酒器，吧匙。

9. 吉普森（Gibson）

（1）原料

2 oz 金酒，0.5 oz 干味美思。

（2）装饰物

鸡尾酒洋葱。

（3）载杯及用具

鸡尾酒杯，量酒器，吧匙。

10. 斯汀（Stinger）

（1）原料

1.5 oz 白薄荷酒，1.5 oz 白兰地。

（2）载杯及用具

鸡尾酒杯，量酒器，吧匙，调酒杯。

11. 曼哈顿（Manhattan）

（1）原料

1.5 oz 波本威士忌，0.75 oz 甜味美思。

（2）装饰物

樱桃。

（3）载杯及用具

古典杯、量酒器，吧匙，调酒杯。

12. 锈钉（Rusty Nail）

（1）原料

1 oz 苏格兰威士忌，1 oz 杜林标。

（2）载杯及用具

古典杯、量酒器，吧匙。

13. 莫吉托（Mojito）

（1）原料

1 oz 白朗姆酒，1 茶匙黄砂糖，2 个青柠角，少许苏打水，6 片薄荷叶。

（2）装饰物

薄荷叶。

（3）载杯及用具

古典杯，量酒器，搅棒。

三、使用兑和法制作的鸡尾酒

轰炸机（B－52）

（1）原料

0.3 oz 白兰地，0.3 oz 百利甜酒，0.3 oz 咖啡利口酒。

（2）载杯及用具

量酒器，子弹杯，吧匙，口布。

四、使用搅和法制作的鸡尾酒

1. 冰冻香蕉得其利（Frozen banana Daiquiri）

（1）原料

1.5 oz 白朗姆酒，0.5 oz 香蕉利口酒，0.5 oz 青柠汁，半根鲜香蕉，糖粉。

（2）装饰物

香蕉，糖边。

（3）载杯及用具

大号鸡尾酒杯，量酒器，电动打碎机。

2. 冰冻草莓玛格丽特（Frozen strawberry Margaret）

（1）原料

1 oz 龙舌兰酒，1 oz 草莓汁，0.75 oz 白橙皮甜酒，5 个鲜草莓。

（2）装饰物

盐边，鲜草莓。

（3）载杯及用具

玛格丽特杯或鸡尾酒杯，酒器，电动打碎机。

技能要求

36 款国际流行鸡尾酒调制

一、使用摇和法制作的鸡尾酒

1. 威士忌酸（Whisky sour）

（1）操作准备

冰块，量酒器，摇酒壶，鲜柠檬片，鸡尾酒杯，调酒棒，波本威士忌，鲜柠檬汁，糖浆。

（2）操作步骤

1）将原料酒水摆放到位。

2）将调酒工具、杯子摆放到位（见图 1—173）。

图 1—173　将调酒工具摆放到位

3）开始调制

①量入 0.5 oz 糖浆并倒入摇酒壶中（见图 1—174）。

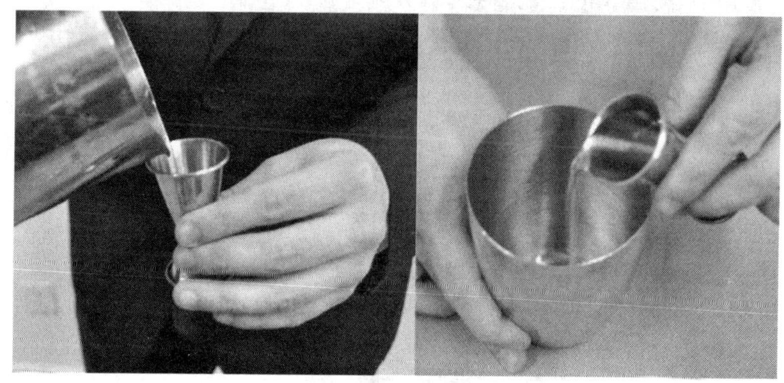

图 1—174　量入 0.5 oz 糖浆并倒入摇酒壶中

②量入 2 oz 鲜柠檬汁并倒入摇酒壶（见图 1—175）。

③量入 1 oz 波本威士忌并倒入摇酒壶中（见图 1—176）。

④将摇酒壶内加入 1/3 满的冰（见图 1—177）。

⑤将摇酒壶盖严并进行摇制（先盖紧滤冰器，再盖紧壶帽）（见图 1—178）。

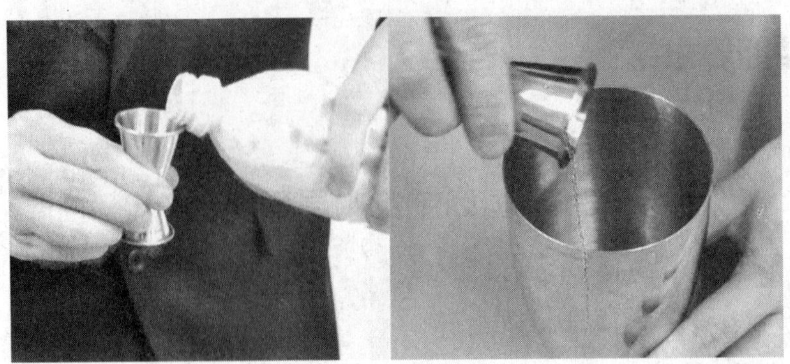

图 1—175　量入 2 oz 鲜柠檬汁并倒入摇酒壶

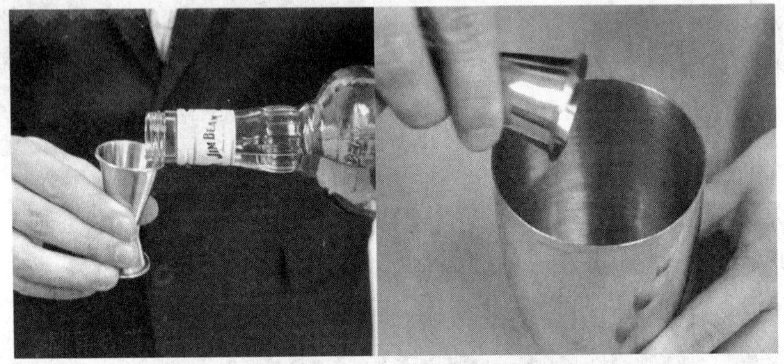

图 1—176　量入 1 oz 波本威士忌并倒入摇酒壶中

图 1—177　将摇酒壶内加入 1/3 满的冰块

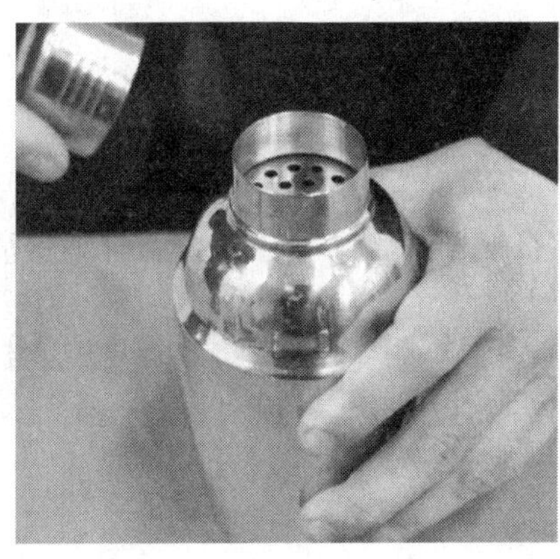

图 1—178　将摇酒壶盖严并进行摇制（先盖紧滤冰器，再盖紧壶帽）

⑥摇至壶壁起霜即可。放下摇壶，将壶帽打开，一只手扶住鸡尾酒杯底，另一只手将摇壶中酒水按顺时针方向滤入鸡尾酒杯中（见图 1—179）。

⑦用冰夹取鲜柠檬片，做装饰（见图 1—180）。

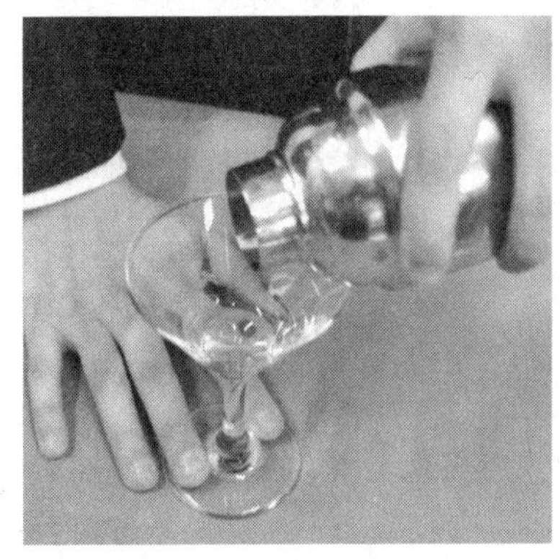

图 1—179　摇至壶壁起霜即可

图 1—180　用冰夹取鲜柠檬片，做装饰

⑧鸡尾酒调制完成并清理台面（见图 1—181）。

图 1—181　鸡尾酒调制完成并清理台面

4）清洗用具并复位酒水。

2. 红粉佳人（Pink Lady）

（1）操作准备

冰块，量酒器，摇酒壶，金酒，红石榴糖浆，鲜柠檬汁，新鲜鸡蛋清，鸡尾酒杯，吧匙。

（2）操作步骤

1）将原料酒水摆放到位。

2）将调酒工具、杯子摆放到位。

3）开始调制

①将0.25 oz红石榴糖浆，1个新鲜鸡蛋清，0.5 oz鲜柠檬汁，1.5 oz金酒依次倒入摇酒壶中。

②将摇酒壶内加入1/3满的冰。

③将摇酒壶盖严进行摇制，摇至壶壁起霜即可。

④将摇酒壶放下，打开壶帽，一手扶住杯底，另一只手将酒水顺时针倒入杯中。

⑤鸡尾酒调制完成，清理台面。

4）清洗用具并复位酒水。

3. 白兰地亚历山大（Brandy Alexander）

（1）操作准备

冰块，量酒器，摇酒壶，白兰地，黑可可酒，鲜牛奶，鸡尾酒杯，豆蔻粉。

（2）操作步骤

1）将原料酒水摆放到位。

2）将调酒工具摆放到位。

3）开始调制

①将1 oz牛奶，1 oz黑可可酒，1 oz白兰地依次倒入摇酒壶中。

②将摇酒壶内加入1/3的冰。

③将摇酒壶盖严进行摇制，摇至壶壁起霜即可。

④将摇酒壶放下，打开壶帽，一手扶住杯底，另一只手将酒水顺时针倒入杯中。

⑤将豆蔻粉洒在鸡尾酒上。

⑥鸡尾酒调制完成，清理台面。

4）清洗用具并复位酒水。

4. 得其利（Daiquiri）

（1）操作准备

冰块，量酒器，摇酒壶，白朗姆酒，糖浆，柠檬汁，鸡尾酒杯，糖粉。

（2）操作步骤

1）将原料酒水摆放到位。

2）将调酒工具、杯具摆放到位。

3）开始调制

①制作带糖边的鸡尾酒杯。

②将 1.5 oz 白朗姆酒，1 oz 糖浆，1 oz 柠檬汁依次倒入摇酒壶中。

③将摇酒壶内加入 1/3 的冰。

④将摇酒壶盖严，进行摇制，摇至壶壁起霜即可。

⑤将摇酒壶放下，打开壶帽，一手扶住杯底，另一只手将酒水顺时针倒入杯中。

⑥完成酒水并清理台面。

4）清洗用具并复位酒水。

5. 咸狗（Salty Dog）

（1）操作准备

冰块，量酒器，摇酒壶，伏特加，鲜西柚汁，新鲜青柠角，鸡尾酒杯，盐粉。

（2）操作步骤

1）将原料酒水摆放到位。

2）将调酒工具、杯子摆放到位。

3）开始调制

①制作带盐边的鸡尾酒杯。

②将 1 oz 伏特加，3 oz 鲜西柚汁依次倒入摇酒壶中。

③将摇酒壶内加入 1/3 的冰。

④将摇酒壶盖严进行摇制，摇至壶壁起霜即可。

⑤将摇酒壶放下，打开壶帽，一手扶住杯底，另一只手将酒水顺时针倒入杯中。

⑥用冰夹取新鲜青柠角做装饰。

⑦完成酒水并清理台面。

4）清洗用具并复位酒水。

6. 血玛丽（Bloody Mary）

（1）操作准备

冰块，量酒器，摇酒壶，伏特加，番茄汁，鲜柠檬汁，李派林汁，辣椒仔，黑胡椒粉，盐粉，芹菜杆，鲜柠檬片，鸡尾酒杯，吧匙。

（2）操作步骤

1）将原料酒水摆放到位。

2）将调酒工具、杯子摆放到位。

3）开始调制

①制作带盐边的海波杯。

②将 3 oz 番茄汁、0.5 oz 柠檬汁、少许李派林汁、黑胡椒、盐、辣椒仔、1 oz 伏特加依次倒入摇酒壶中。

③将摇酒壶内加入 1/3 的冰。

④将摇酒壶盖严，进行摇制，摇至制壁起霜即可。

⑤将摇酒壶全部打开，将冰和酒水全部倒入杯中。

⑥用冰夹子加入半片柠檬。

⑦再取一个芹菜杆做装饰。

⑧完成酒水并清理台面。

4）清洗用具并复位酒水。

7. 长岛冰茶（Long Island Iced Tea）

（1）操作准备

冰块，量酒器，摇酒壶，白朗姆酒，伏特加，金酒，龙舌兰酒，君度，鲜柠檬汁，可乐，海波杯，搅棒，吸管，柠檬角。

（2）操作步骤

1）将原料酒水摆放到位。

2）将调酒工具、杯子摆放到位。

3）开始调制

①将 1 oz 柠檬汁，0.5 oz 君度，0.5 oz 白朗姆酒，0.5 oz 伏特加，0.5 oz 金酒，0.5 oz 龙舌兰酒依次倒入摇酒壶中。

②将摇酒壶内加入 1/3 的冰。

③将摇酒壶盖严进行摇制，摇至壶壁起霜即可。

④将摇酒壶全部打开，将冰和酒水全部倒入杯中。

⑤将杯中注入可乐到 8 分满。

⑥服务调酒棒和吸管。

⑦完成酒水并清理台面。

4）清洗用具并复位酒水。

8. 百家得鸡尾酒（Bacardi Cocktail）

（1）操作准备

冰块，量酒器，摇酒壶，白朗姆酒，红石榴糖浆，鲜青柠檬汁，鸡尾酒杯。

（2）操作步骤

1）将原料酒水摆放到位。

2）将调酒工具、杯子摆放到位。

3）开始调制

①将 0.75 oz 鲜青柠檬汁，0.2 oz 红石榴糖浆，2 oz 白朗姆酒依次倒入摇酒壶中。

②将摇酒壶内加入 1/3 的冰。

③将摇酒壶盖严，进行摇制，摇至壶壁起霜即可。

④将摇酒壶放下，打开壶帽，一手扶住杯底，另一只手将酒水顺时针倒入杯中。

⑤完成酒水并清理台面。

4）清洗用具并复位酒水。

9. 边车（Side Car）

（1）操作准备

冰块，量酒器，摇酒壶，白兰地酒，鲜柠檬汁，白橙利口酒，鸡尾酒杯。

（2）操作步骤

1）将原料酒水摆放到位。

2）将调酒工具、杯子摆放到位。

3）开始调制

①将 0.5 oz 柠檬汁，0.5 oz 白橙利口酒，2 oz 白兰地酒依次倒入摇酒壶中。

②将摇酒壶内加入 1/3 的冰。

③将摇酒壶盖严，进行摇制，摇至壶壁起霜即可。

④将摇酒壶放下，打开壶帽，一手扶住杯底，另一只手将酒水顺时针倒入杯中。

⑤完成酒水并清理台面。

4）清洗用具并复位酒水。

10. 玛格丽特（Margarita）

（1）操作准备

冰块，量酒器，摇酒壶，龙舌兰酒，柠檬汁，白橙利口酒，鸡尾酒杯，盐边，青柠角。

（2）操作步骤

1）将原料酒水摆放到位。

2）将调酒工具、杯子摆放到位。

3）开始调制

①制作盐边的鸡尾酒杯。

②将0.5 oz白橙利口酒，0.5 oz鲜柠檬汁，1 oz龙舌兰酒依次倒入摇酒壶中。

③将摇酒壶内加入1/3的冰。

④将摇酒壶盖严，进行摇制，摇至壶壁起霜即可。

⑤将摇酒壶放下，打开壶帽，一手扶住杯底，另一只手将酒水顺时针倒入加盐边的鸡尾酒杯。

⑥装饰为青柠角。

⑦完成酒水并清理台面。

4）清洗用具并复位酒水。

11. 蓝色玛格丽特（Blue Margarita）

（1）操作准备

冰块，量酒器，摇酒壶，龙舌兰酒，青柠檬汁，白橙利口酒，蓝橙利口酒，玛格丽特杯或鸡尾酒杯。

（2）操作步骤

1）将原料酒水摆放到位。

2）将调酒工具、杯子摆放到位。

3）开始调制

①制作一个带盐边的鸡尾酒杯。

②将0.5 oz青柠檬汁，1.5 oz龙舌兰酒，0.5 oz白橙利口酒，0.5 oz蓝橙利口酒依次倒入摇酒壶中。

③将摇酒壶内加入1/3的冰。

④将摇酒壶盖严，进行摇制，摇至壶壁起霜即可。

⑤将摇酒壶放下，打开壶帽，一手扶住杯底，另一只手将酒水顺时针倒入加盐

边的鸡尾酒杯中。

⑥完成酒水并清理台面。

4）清洗用具并复位酒水。

12. 种植者宾治（Planter Punch）

（1）操作准备

冰块，量酒器，摇酒壶，黑朗姆酒，红石榴糖浆，柠檬汁，苏打水，海波杯或柯林斯杯，柠檬片，橙片。

（2）操作步骤

1）将原料酒水摆放到位。

2）将调酒工具、杯子摆放到位。

3）开始调制

①将 1 oz 红石榴糖浆，0.75 oz 柠檬汁，1 oz 黑朗姆酒，依次倒入摇酒壶中。

②将摇酒壶内加入 1/3 的冰。

③将摇酒壶盖严，进行摇制，摇至壶壁起霜即可。

④将摇酒壶放下，打开摇酒壶，连冰一起倒入杯中，注苏打水至 8 分满。

⑤装饰为柠檬片、橙片。

⑥完成酒水并清理台面。

4）清洗用具并复位酒水。

13. 占冽（Gimlet）

（1）操作准备

冰块，量酒器，摇酒壶，金酒，青柠汁，鸡尾酒杯，鲜青柠片。

（2）操作步骤

1）将原料酒水摆放到位。

2）将调酒工具、杯子摆放到位。

3）开始调制

①将 0.75 oz 青柠汁，1.5 oz 金酒，依次倒入摇酒壶中。

②将摇酒壶内加入 1/3 的冰。

③将摇酒壶盖严，进行摇制，摇至壶壁起霜即可。

④将摇酒壶放下，打开壶帽，一手扶住杯底，另一只手将酒水顺时针倒入杯中。

⑤装饰为鲜青柠片。

⑥完成酒水并清理台面。

4）清洗用具并复位酒水。

14. 布朗克斯（Bronx）

（1）操作准备

冰块，量酒器，摇酒壶，金酒，甜味美思，干味美思，橙汁，鸡尾酒杯。

（2）操作步骤

1）将原料酒水摆放到位。

2）将调酒工具、杯子摆放到位。

3）开始调制

①将1 oz橙汁，0.5 oz干味美思，0.5 oz甜味美思，1.5 oz金酒依次倒入摇酒壶中。

②将摇酒壶内加入1/3的冰。

③将摇酒壶盖严，进行摇制，摇至壶壁起霜即可。

④将摇酒壶放下，打开壶帽，一手扶住杯底，另一只手将酒水顺时针倒入杯中。

⑤完成酒水并清理台面。

4）清洗用具并复位酒水。

15. 汤姆柯林斯（Tom Collins）

（1）操作准备

冰块，量酒器，摇酒壶，金酒，柠檬汁，糖水，苏打水，柠檬片，海波杯，柠檬片。

（2）操作步骤

1）将原料酒水摆放到位。

2）将调酒工具、杯子摆放到位。

3）开始调制

①将0.5 oz糖水，1 oz柠檬汁，2 oz金酒依次倒入摇酒壶中。

②将摇酒壶内加入1/3的冰。

③将摇酒壶盖严，进行摇制，摇至壶壁起霜即可。

④将摇酒壶放下，打开摇酒壶，将酒水连冰一起倒入杯中，加入苏打水至8分满。

⑤装饰为柠檬片。

⑥完成酒水并清理台面。

4）清洗用具并复位酒水。

16. 新加坡司令（Singapore Sling）

（1）操作准备

冰块，量酒器，摇酒壶，金酒，樱桃白兰地，红石榴糖浆，柠檬汁，苏打水，柠檬片，红樱桃，海波杯，吸管，调酒棒。

（2）操作步骤

1）将原料酒水摆放到位。

2）将调酒工具、杯子摆放到位。

3）开始调制

①将 0.5 oz 红石榴糖浆、0.5 oz 柠檬汁、1.5 oz 金酒依次倒入摇酒壶中。

②将摇酒壶内加入 1/3 的冰。

③将摇酒壶盖严，进行摇制，摇至壶壁起霜即可。

④将摇酒壶放下，打开摇酒壶，将酒水连冰一起倒入杯中，加入苏打水至 8 分满。

⑤将 0.75 oz 樱桃白兰地倒在酒上，装饰为柠檬片、红樱桃、吸管、调酒棒。

⑥完成酒水并清理台面。

4）清洗用具并复位酒水。

17. 两者之间（Between the Sheets）

（1）操作准备

冰块，量酒器，摇酒壶，白朗姆酒，白兰地，君度，鲜柠檬汁，海波杯。

（2）操作步骤

1）将原料酒水摆放到位。

2）将调酒工具、杯子摆放到位。

3）开始调制

①将 0.5 oz 鲜柠檬汁，0.75 oz 白朗姆酒，0.75 oz 白兰地，0.75 oz 君度依次倒入摇酒壶中。

②将摇酒壶内加入 1/3 的冰。

③将摇酒壶盖严，进行摇制，摇至壶壁起霜即可。

④将摇酒壶放下，打开壶帽，一手扶住杯底，另一只手将酒水顺时针倒入杯中。

⑤完成酒水并清理台面。

4）清洗用具并复位酒水。

18. 金菲士（Gin Fizz）

（1）操作准备

冰块，量酒器，摇酒壶，金酒，柠檬汁，糖水，新鲜蛋清，苏打水，柠檬片，海波杯，吸管。

（2）操作步骤

1）将原料酒水摆放到位。

2）将调酒工具、杯子摆放到位。

3）开始调制

①将1个新鲜蛋清，0.25 oz糖水，0.75 oz柠檬汁，1 oz金酒依次倒入摇酒壶中。

②将摇酒壶内加入1/3的冰。

③将摇酒壶盖严，进行摇制，摇至壶壁起霜即可。

④将摇酒壶放下，打开摇酒壶，将酒水连冰一起倒入杯中，注入苏打水至8分满。

⑤装饰品为柠檬片，吸管。

⑥完成酒水并清理台面。

4）清洗用具并复位酒水。

19. 金色菲士（Golden Fizz）

（1）操作准备

冰块，量酒器，摇酒壶，金酒，鲜柠檬汁，糖水，新鲜蛋黄，苏打水，红樱桃，柠檬片，吸管，海波杯。

（2）操作步骤

1）将原料酒水摆放到位。

2）将调酒工具摆放到位。

3）开始调制

①将1个新鲜蛋黄，0.5 oz糖水，1 oz鲜柠檬汁，2 oz金酒依次倒入摇酒壶中。

②将摇酒壶内加入1/3的冰。

③将摇酒壶盖严，进行摇制，摇至壶壁起霜即可。

④将摇酒壶放下，打开摇酒壶，将酒水连冰一起倒入杯中，注入苏打水至8分满。

⑤装饰为红樱桃、柠檬片、吸管。

⑥出品酒水并清理台面。

4）清洗用具并复位酒水。

20. 青草蜢（Grasshopper）

（1）操作准备

冰块，量酒器，摇酒壶，绿薄荷酒，白可可酒，鲜牛奶，鸡尾酒杯。

（2）操作步骤

1）将原料酒水摆放到位。

2）将调酒工具、杯子摆放到位。

3）开始调制

①将 1 oz 鲜牛奶，1 oz 白可可酒，1 oz 绿薄荷酒，依次倒入摇酒壶中。

②将摇酒壶内加入 1/3 的冰。

③将摇酒壶盖严，进行摇制，摇至壶壁起霜即可。

④将摇酒壶放下，打开壶帽，一手扶住杯底，另一只手将酒水顺时针倒入杯中。

⑤完成酒水并清理台面。

4）清洗用具并复位酒水。

二、使用调和法制作的鸡尾酒

1. 干马天尼（Dry Martini）

（1）操作准备

冰块，量酒器，摇酒壶，橄榄，鸡尾酒杯，金酒，干味美思。

（2）操作步骤

1）将原料酒水摆放到位。

2）将调酒工具、杯子摆放到位（见图 1—182）。

3）开始调制

图 1—182　将调酒工具摆放到位

①展示干味美思（见图 1—183）。

②量入（0.5 oz）干味美思倒入摇酒壶中（见图 1—184）。

图 1—183　展示干味美思

图 1—184　量入（0.5 oz）干味美思倒入摇酒壶中

③展示金酒（见图 1—185）。

④通过量酒器将 2 oz 金酒倒入摇酒壶中，再将冰加入摇酒壶中（见图 1—186）。

图 1—185　展示金酒

图 1—186　通过量酒器将 2 盎司金酒倒入摇酒壶中，再将冰加入摇酒壶中

⑤使用吧匙进行调和（见图 1—187）。

⑥滤冰。盖上摇酒壶滤冰器，顺时针倒入鸡尾酒杯中，另一只手扶住杯底（见图 1—188）。

⑦把装饰物橄榄放入鸡尾酒杯中（见图 1—189）。

图 1—187　使用吧匙进行调和

图 1—188　盖上摇酒壶滤冰器，顺时针倒入鸡尾酒杯中，另一只手扶住杯底

图 1—189　把装饰物橄榄放入鸡尾酒杯中

⑧完成鸡尾酒并清理台面（1—190）。

图 1—190　完成鸡尾酒并清理台面

4）清洗用具并复位酒水。

2. 螺丝刀（Screw Driver）

（1）操作准备

冰块，量酒器，古典杯或岩石杯，伏特加，橙汁，吧匙。

（2）操作步骤

1）将原料酒水摆放到位。

2）将调酒工具、杯子摆放到位（见图 1—191）。

3）开始调制

①向古典杯或岩石杯中加入冰（见图 1—192）。

图 1—191　将调酒工具摆放到位

图 1—192　向古典杯或岩石杯中加入冰

②用量酒器量入（3 oz）橙汁（见图 1—193）。

③将橙汁倒入杯中（见图 1—194）。

图 1—193　将橙汁（3 oz）放入量酒器

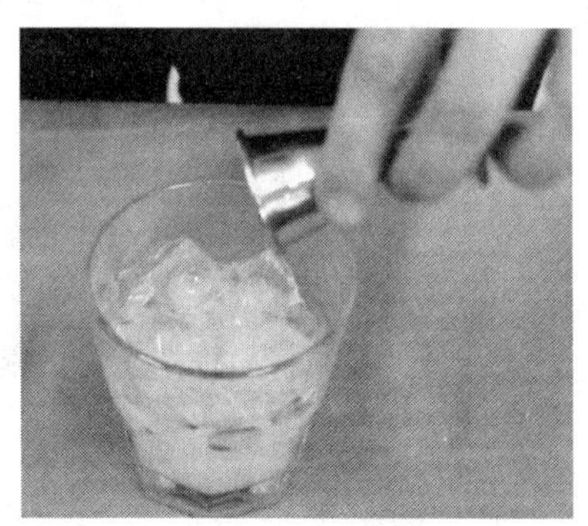

图 1—194　将量酒器中的橙汁倒入杯中

④展示伏特加酒（见图 1—195）。

⑤量入（1 oz）伏特加倒入杯中（见图 1—196）。

图 1—195　展示伏特加酒

图 1—196　将（1 oz）伏特加倒入量杯中

⑥用吧匙将酒水调匀（见图 1—197）。

⑦装饰以橙片（见图 1—198）。

图 1—197　用吧匙将酒水调匀

图 1—198　装饰以橙片

⑧完成鸡尾酒并清理台面。

4）清洗用具并复位酒水（见图 1—199）。

图 1—199　完成鸡尾酒并清理台面

3. 罗布罗伊（Rob Roy）

（1）操作准备

冰块，量酒器，摇酒壶，红樱桃，鸡尾酒杯，苏格兰威士忌，甜味美思，吧匙，调酒杯。

（2）操作步骤

1）将原料酒水摆放到位。

2）将调酒工具、杯子摆放到位。

3）开始调制

①依次把 2 oz 苏格兰威士忌，少许甜味美思倒进摇酒壶中。

②用吧匙将调酒壶里的酒水调匀。

③将酒水滤入鸡尾酒杯中。

④装饰以红樱桃。

⑤完成酒水并清理台面。

4）清洗用具并复位酒水。

4. 凯尔（Kir）

（1）操作准备

量酒器，吧匙，黑草莓利口酒，冰镇白葡萄酒，白葡萄酒杯。

（2）操作步骤

1）将原料酒水摆放到位。

2）将调酒工具、杯子摆放到位。

3）开始调制

①依次把 6 oz 冰镇白葡萄酒、1 oz 黑草莓利口酒倒进葡萄酒杯中。

②用吧匙把葡萄酒杯里的酒水调匀。

③完成酒水并清理台面。

4）清洗用具并复位酒水。

5. 皇室凯尔（Kir Royal）

（1）操作准备

香槟杯，量酒器，吧匙，黑草莓利口酒，冰镇香槟或葡萄汽酒。

（2）操作步骤

1）将原料酒水摆放到位。

2）将调酒工具、杯子摆放到位。

3）开始调制

①依次把 6 oz 冰镇香槟或葡萄汽酒、1 oz 黑草莓利口酒倒进葡萄酒杯中。

②用吧匙把葡萄酒杯里的酒水调匀。

③出品酒水并清理台面。

4）清洗用具并复位酒水。

6. 自由古巴（Cuba libre）

（1）操作准备

冰块，海波杯，量酒器，吧匙，鲜青柠角，白朗姆酒，鲜柠檬汁，可乐。

（2）操作步骤

1）将原料酒水摆放到位。

2）将调酒工具、杯子摆放到位。

3）开始调制

①将海波杯里加入 1/3 的冰。

②依次把 0.5 oz 鲜柠檬汁、1 oz 白朗姆酒、可乐倒进海波杯中。

③用吧匙把海波杯里的酒水调匀。

④装饰以鲜青柠角。

⑤完成酒水并清理台面。

4）清洗用具并复位酒水。

7. 黑俄罗斯（Black Russian）

（1）操作准备

冰块，古典酒杯，量酒器，吧匙，柠檬角，伏特加，咖啡利口酒。

（2）操作步骤

1）将原料酒水摆放到位。

2）将调酒工具、酒杯摆放到位。

3）开始调制

①依次把 1.5 oz 伏特加、0.75 oz 咖啡甜酒倒进古典杯中。

②用吧匙把古典杯里的酒水调匀。

③完成酒水并清理台面。

4）清洗用具并复位酒水。

8. 白俄罗斯（White Russian）

（1）操作准备

冰块，古典酒杯、量酒器、吧匙，伏特加，咖啡蜜酒，牛奶。

（2）操作步骤

1）将原料酒水摆放到位。

2）将调酒工具、杯子摆放到位。

3）开始调制

①依次把 1 oz 伏特加、0.75 oz 咖啡蜜酒、0.5 oz 牛奶倒进摇酒壶中。

②用吧匙把调酒壶里的酒水调匀。

③完成酒水并清理台面。

4）清洗用具并复位酒水。

9. 吉布森（Gibson）

（1）操作准备

冰块，量酒器，摇酒壶，鸡尾酒洋葱，鸡尾酒杯，金酒，干味美思。

（2）操作步骤

1）将原料酒水摆放到位。

2）将调酒工具、杯子摆放到位。

3）开始调制

①依次把 2 oz 金酒、0.5 oz 干味美思倒进摇酒壶中。

②用吧匙把调酒壶里的酒水调匀，壶身起霜。

③将酒水滤入鸡尾酒杯中。

④装饰以鸡尾酒洋葱。

⑤出品酒水并清理台面。

4）清洗用具并复位酒水。

10. 斯丁（Stinger）

（1）操作准备

冰块，量酒器，摇酒壶，吧匙，鸡尾酒杯，白薄荷酒，白兰地。

（2）操作步骤

1）将原料酒水摆放到位。

2）将调酒工具、杯子摆放到位。

3）开始调制

①依次把 1.5 oz 白薄荷酒、1.5 oz 白兰地倒进摇酒壶中。

②用吧匙把调酒壶里的酒水调匀，壶身起霜。

③将酒水滤入鸡尾酒杯中。

④出品酒水并清理台面。

4）清洗用具并复位酒水。

11. 曼哈顿（Manhattan）

（1）操作准备

冰块，量酒器，古典杯，波本威士忌，甜味美思，少许苦精，樱桃。

（2）操作步骤

1）将原料酒水摆放到位。

2）将调酒工具、杯子摆放到位。

3）开始调制

①先在古典杯中加入少许苦精，后转杯让苦精沾在杯壁上，然后加冰。

②依次将 1.5 oz 波本威士忌、0.75 oz 甜味美思加入杯中。

③用吧匙调匀。

④装饰一个红樱桃。

⑤完成酒水并清理台面。

4）清洗用具并复位酒水。

12. 锈钉（Rusty Nail）

（1）操作准备

冰块，量酒器，古典杯，苏格兰威士忌，杜林标，吧匙。

（2）操作步骤

1）将原料酒水摆放到位。

2）将调酒工具、杯子摆放到位。

3）开始调制

①用量酒器将 1 oz 苏格兰威士忌、1 oz 杜林标加入带冰的古典杯中。

②用吧匙调匀。

③完成酒水并清理台面。

4）清洗用具并复位酒水。

13. 莫吉托（Mojito）

（1）操作准备

碎冰，量酒器，古典杯，白朗姆酒，黄砂糖，青柠角，苏打水，薄荷叶，搅棒。

（2）操作步骤

1）将原料酒水摆放到位。

2）将调酒工具、杯子摆放到位。

3）开始调制

①将1茶匙黄砂糖、2个青柠角、6个薄荷叶放进古典杯中，用捻棒捻碎。

②加满碎冰，再加1 oz白朗姆酒，少许苏打水，放入搅棒。

③完成酒水并清理台面。

4）清洗用具并复位酒水。

三、使用建筑法制作的鸡尾酒

轰炸机（B-52）

（1）操作准备

量酒器，子弹杯，白兰地，百利甜酒，咖啡利口酒，口布。

（2）操作步骤

1）将原料酒水摆放到位。

2）将调酒工具、杯子摆放到位（见图1—200）。

3）开始调制

①展示咖啡利口酒（见图1—201）。

图1—200　将调酒工具摆放到位

图1—201　展示咖啡利口酒

②将咖啡利口酒（0.3 oz）倒入量酒器中（见图1—202）。

③将量酒器中的咖啡利口酒放入子弹杯中（见图1—203）。

④将量酒器擦拭干净（见图1—204）。

⑤展示百利甜酒（见图1—205）。

⑥将百利甜（0.3 oz）倒入量酒器，并且用吧匙倒入子弹杯中（见图1—206）。

图 1—202　将咖啡利口酒（0.3 oz）倒入量酒器中

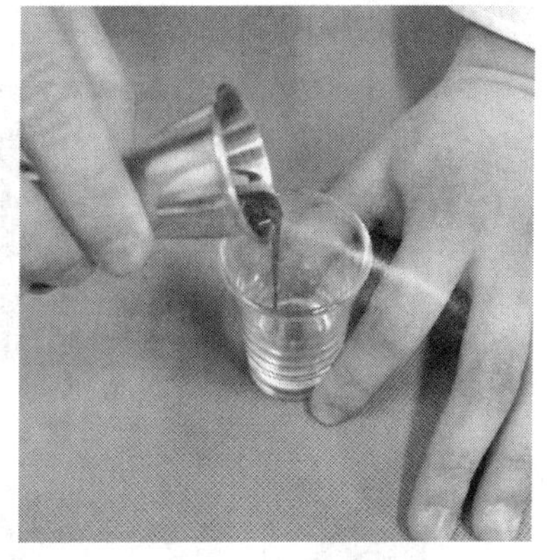

图 1—203　将量酒器中的咖啡利口酒放入子弹杯中

图 1—204　将量酒器擦拭干净

图 1—205　展示百利甜酒

图 1—206　将百利甜（0.3 oz）倒入量酒器，并且用吧匙倒入子弹杯中

⑦擦拭吧匙和量酒器（见图 1—207）。

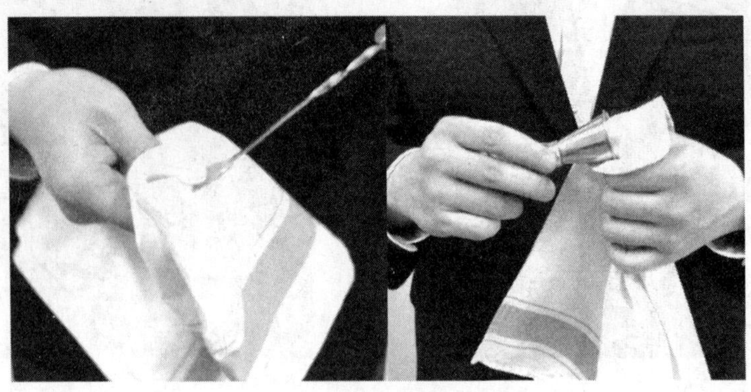

图 1—207　擦拭吧匙和量酒器

⑧展示白兰地酒（见图 1—208）。

⑨利用吧匙把量酒器中白兰地酒（0.3 oz）倒入子弹杯中（见图 1—209）。

图 1—208　展示白兰地酒

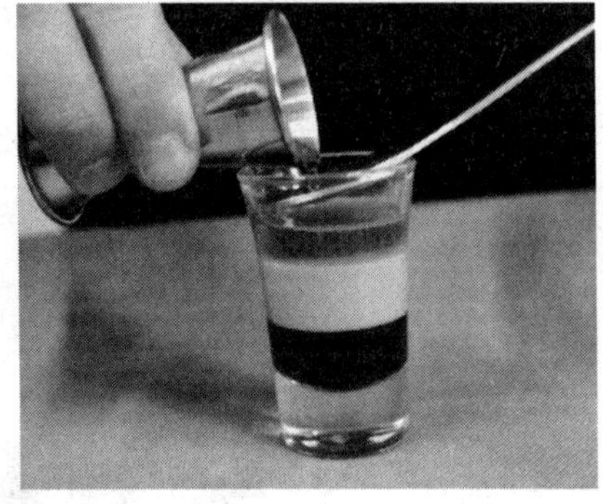

图 1—209　利用吧匙把量酒器中白兰地酒（0.3 oz）倒入子弹杯中

⑩完成鸡尾酒并清理台面（见图 1—210）。

4）清洗用具并复位酒水（见图 1—210）。

四、使用电动打碎法制作的鸡尾酒

1. 冰冻香蕉得其利（Frozen banana Daiquiri）

（1）操作准备

量酒器，电动打碎机，白朗姆酒，香蕉利口酒，青柠檬汁，鲜香蕉，大号鸡尾酒杯，糖粉。

（2）操作步骤

图 1—210　出品酒水并清理台面

1）将原料酒水摆放到位。

2）将调酒工具、杯子摆放到位。

3）开始调制

①制作带糖边的大号鸡尾酒杯。

②依次在电动打碎机里放入 1.5 oz 白朗姆、0.5 oz 香蕉利口酒、0.5 oz 青柠檬汁、半根鲜香蕉。

③向碎冰机内加入一茶杯碎冰。

④启动碎冰机至原料打碎成冰沙状，放入大号鸡尾酒杯中。

⑤以香蕉做装饰。

⑥完成酒水并清理台面。

4）清洗用具并复位酒水。

2. 冰冻草莓玛格丽特（Frozen strawberry Margaret）

（1）操作准备

玛格丽特杯或大号鸡尾酒杯，量酒器，电动打碎机，龙舌兰酒，草莓汁，白橙皮甜酒，鲜草莓，盐。

（2）操作步骤

1）将原料酒水摆放到位。

2）将调酒工具、杯子摆放到位。

3）开始调制

①制作带糖边的玛格丽特杯。

②依次在电动打碎机里放入 1 oz 龙舌兰酒、1 oz 草莓汁、0.75 oz 白橙皮甜酒、5 个鲜草莓。

③在碎冰机内加入一茶杯的碎冰。

④启动碎冰机至原料打碎成冰沙状，倒入加了盐边的玛格丽特杯中。

⑤装饰草莓。

⑥完成酒水并清理台面。

4）清洗用具并复位酒水。

【思考与练习】

1. 蒸馏酒的分类及知名品牌。
2. 发酵酒的分类及知名品牌。
3. 配置酒的分类及知名品牌。
4. 鸡尾酒的制作步骤。
5. 制作鸡尾酒的注意事项有哪些？
6. 鸡尾酒的制作方法有哪些？
7. 鸡尾酒的调制原则是什么？
8. 鸡尾酒的分类有哪些？
9. 鸡尾酒的特点有哪些？
10. 不同场合适用鸡尾酒的口味特点有何不同？

第 2 章 酒吧服务

宾客服务和酒水服务是酒吧服务的两大组成部分，了解如何提供优质的服务是本章的学习目的。

第 1 节　宾 客 服 务

宾客服务是酒吧服务中的一个重要组成部分。由于宾客年龄、身份、性格的不同，调酒师在提供服务时，要将分寸拿捏得当，这就要求调酒师充分掌握宾客服务的程序、服务中的语言和服务礼仪，才能灵活运用。

同时，本节还介绍了旅游的基础知识。这对本节知识的了解及对酒吧宾客的了解，提高酒吧服务质量起到很好的辅助作用。

学习单元 1　旅游基础知识

学习目标

➢ 了解旅游概述、分类

➢熟悉国内外的旅游知识

知识要求

一、旅游的概述

1. 旅游的定义

旅游是人们为寻求精神上的愉悦感受而进行的非定居性旅行和在游览过程中所发生的一切关系和现象的总和。

2. 旅游六要素

旅游六要素，即“吃、住、行、游、购、娱”。简单的六个字，但其形成过程却经历了半个世纪，凝结了几代人的心血，集中了成千上万旅游工作者的智慧。这六个字，现在是中国发展旅游业的根本、指导旅游业的规范、衡量旅游业的标准。

（1）吃

吃是首要的，只有吃得好，才能游得好，所以一定要吃饱、吃好、吃干净。

1）不要太多地改变饮食习惯，注意荤素搭配、多食水果。

2）各地名吃一定要品，但量不可太大，注意消化能力。

3）考虑服不服水土问题。

（2）住

住，即是指旅游活动中的住宿问题。首先要求住宿酒店安全；其次是干净、舒适，还要考虑酒店位置的便捷性。

（3）行

行，即是指旅游活动中的交通问题。在交通日益发达的今天，交通工具的选择也是多种多样的，如飞机、火车、游轮、汽车等。出国旅游时通常选择游轮或者飞机；国内游远途时选择飞机或者火车，短途选择汽车。

旺季时，旅游交通的问题至关重要，由于出行人数多，各种交通工具的位置紧张，价格也往往会高于平时。通常为了保证出行顺利，应该提早制定旅游计划，预订旅游交通位置。

（4）游

游，即指景点的游览。在游览景点的安排上既要注意游览时间的合理性，又要各种风格景点相结合。通常每日安排一个主要景点，再在主要景点附近安排几个次要景点的游览计划是合理的也是最经济的做法。

（5）购

购，即指在旅游目的地的购物。安排旅游购物既是旅游目的地发展地区经济的一项重要手段，也是旅游者的实际需求。然而，近年来因为旅游购物导致的游客投诉量大增，则是由于行业内的操作不当带来的负面影响。因此为了整顿旅游市场，关于旅游购物，尤其是团队旅游购物的规定越来越严格；同时也有相关政府部门明确提示旅游者，不要盲目购物，应选择旅游目的地特有的特色产品购买。

（6）娱

娱乐，即游客在旅游目的地参加的当地的娱乐活动。娱乐乃人之常情，但应注意：

1）不要入迷，适可而止。

2）玩一些当地喜闻乐见的、自己又没玩过的项目。

3）注意安全，保存体力，切勿到不适当的场所。

3. 旅游的基本要素

旅游有三个基本要素，包括旅游的主体，即旅游者；旅游的客体，即旅游资源；旅游的依托和媒介，即旅游设施和旅行社。

（1）旅游主体

旅游者是旅游最重要的要素。旅游者外出旅游，必须具备一定的基本条件：个人收入和闲暇时间。这两个条件缺一不可。还必须具备其他社会因素，包括科学技术的发展、文化讯息和政治环境因素等。

（2）旅游客体

旅游资源是吸引旅游者的物质基础，是发展旅游业的最核心条件。包括各种自然景观和社会景观。我国的旅游资源丰富，自然景观的有桂林山水、黄山风光等，人文景观的有北京故宫、西安古城等，还有一些是自然景观和人文景观相结合的，比如云南的风景和民族风情构成了云南独特的旅游资源。

（3）旅游的依托和媒介

在旅游者和旅游资源之间，必须要有能实现旅游活动的物质条件（酒店等）和与之相适应的旅游服务（旅行社等）作为依托和媒介。包括交通运输设施、旅游膳宿设施和旅行社。虽然，抛开旅行社，旅游者也能够进行各种旅游活动，但是为了整个旅游更加方便、舒适，旅行社作用重大。

1）旅行社保证游览者在游览过程中更安全。

2）旅行社为旅游者提供各种旅游信息，指导旅游线路和旅游方法。

3）包价旅游价格低于个人旅行的成本。

4. 旅游的发展

因为现代社会中的旅游不同于古代文人的游山玩水或徐霞客式的旅行和科学考察，它是人类社会中一种不断发展的生活方式。关于这一点，国外一些学者有不少论述。如英国伊什图里金（Estoril）就指出过旅游的性质在逐渐发生变化，主要表现在：

（1）娱乐旅行概念发生了变化

第二次世界大战前，只有社会中富裕的、有闲暇的和受过良好教育的人出国旅行，满足于欣赏外国风景、艺术作品。现在这种概念已完全改变。因为出国旅游者多有其不同的背景，对旅游的想法很不相同，所好和欲求更是五花八门，在有限的假期内尽量满足不同人的不同需求。

（2）现代旅游是闲暇追享的“民主化”

如冬季旅游，过去是少数富人特有的运动；骑马、划艇、射击，是非大众化运动。但是嗜好和闲暇的“商业化”已使这种活动能为一般人所享用。大量的人到国外去参加更为令人激动和更富有外国情调的活动，如登山、滑冰、潜水和马车旅行等。

（3）现代旅游发展为“社会旅游”

如英国度假营，既提供传统的旅游胜地具备的一切设施，又不断开辟和发展新的风景区域，组织大群游人观览，建造特别设计的低消费接待设施，并经常就地提供娱乐和其他服务。社会旅游可以把大量旅游者引入偏远和相对不发达地区。因此，对旅游的业余性规定大体是正确的，但在实际中又难以区分。特别是在中国，利用开会、出差旅游的人很多。据统计，到北京来旅游的人，41%是会务旅游者。外国利用国际会议旅游的人也很多，如1985年，在法国巴黎召开的国际会议有274个，英国伦敦238个，比利时布鲁塞尔219个，瑞士日内瓦212个。参加国际会议的人，既是为了某一专业目的而去的会务者，也是利用会议参加旅游活动的游览者。英、法、比等国家正是利用这种方式，获得了一笔可观的旅游收入。如1985年巴黎举行国际会议收入70亿法郎，其中30亿法郎为专题会议收入。

有一位社会学家说，旅游者的心理中有“求新、求知、求乐”三条，这是旅游者心理的共性。旅游者不远千里而来，就是想领略异地的风光、生活，在异地获得平时不易得到的知识与平时不易得到的快乐。知识性：旅游给大家带来很多见识，增进了对各地的了解，丰富了人文知识。这才是旅游的真谛。意志性：旅游给大家带来心灵的意志，会让自己的思维、心情发展到兴奋、快乐的极致。休闲性：目前高速运转的生活工作频率，使人越来越感到生活的压力过大，所以需要在一些假日放松自己，到海滨城市享受阳光、沙滩、大海、蓝天、白云。

5. 旅游消费者心理

（1）影响旅游者消费行为的因素

旅游者为什么要出去旅游，如何决定旅游时间，如何选择旅游路线，旅游的期望值是什么，这是旅行社前台工作人员必须了解的问题。有钱、有时间，这是旅游消费的前提，但是，还有很多因素影响着游客的旅游消费。在旅游者消费的模式中，有两种方式比较典型，一种是“需要—动机—行为”模式，这种模式的旅游购买行为产生于本身的旅游需要和旅游购买动机。比如，一个白领觉得工作累了，需要到外地度假了，于是就产生了旅游消费。另外一种模式是：“刺激—反应”模式，比如，旅行社推出了特价线路，大打广告，把一些原来没有很强的旅游意愿的游客也拉了进来。

影响旅游者消费行为的因素归纳起来有以下几种：

1）文化因素。包括价值观、审美观、宗教信仰和风俗习惯。比如，信佛的人总想参观寺庙，搞美术的希望参观莫高窟。

2）社会因素。包括社会阶层、相关群体、家庭等。例如，同样的文化背景，单身的游客可能选择西藏，而有家庭的游客或许选择了北京。

3）个人因素。包括年龄、性别、职业、健康状况、居住地、生活方式等均能影响旅游的消费。最后，还有心理因素。

（2）旅游消费者的决策过程

学习旅游消费者心理，最重要的一点就是要学习旅游者消费的决策过程。掌握和影响旅游者的决策过程，能够有效地提高销售额。旅游决策过程实际上是旅游者对自己面对的众多旅游机会进行选择的过程。当游客意识到自己的旅游需要时，他所沉淀的知识和信息使他感受到了各种旅游机会，而他对这些机会的主观评价则构成了一个逐渐过滤的过程，最终促成旅游决策。旅游决策包括个体旅游者决策过程和群体旅游者决策过程。

1）个体旅游者决策过程和个体旅游者决策的主要内容有：是否去旅游？选择什么方式去旅游？去哪里旅游？选择什么标准的旅游？参加哪个旅行社的团队？何时去旅游？而决策过程则相对比较简单。

①旅游需要识别。确认自己确实需要去旅游。

②旅游信息收集。从广告、网络、到旅行社取得各种旅游信息资料。

③旅游方案的评价。根据手头的资料，以及亲友提供的信息，进行判断、过滤、评价。

④决定和购买。到选定的旅行社参加选定的线路。

⑤旅游途中对旅游进行体验和旅游后对该旅游进行评价。

2）群体旅游者决策过程。群体旅游者的决策过程比较复杂，体现在群体中各个个体的互动中。其过程包括：

①个体需要的萌发。群体中有某人提出要旅游。

②共同动机的确认。该提议得到了大家的赞同。

③信息收集。群体指派某人或者某些人收集各旅行社的资料和行程。

④方案的共同评价。大家对旅游的方案进行评价和修改。

⑤旅游决策形成。大家取得了一致或者大部分人一致的意见，旅游决策形成。

二、旅游的分类

1. 按地理范围的分类

按旅游者到达目的地的地理范围划分，旅游活动可以分为国际旅游和国内旅游。

（1）国际旅游

国际旅游是指跨越国界的旅游活动，分为入境旅游和出境旅游。入境旅游是指他国公民到该国进行的旅游活动；出境旅游是指该国公民到他国的旅游活动。

（2）国内旅游

国内旅游是指人们在居住国国内进行的旅游活动。包括本国公民在国内的旅游活动，也指在一国长期居住、工作的外国人在该国内进行的旅游活动。

从旅游发展的历程看，国内旅游是一国旅游业发展的基础，国际旅游是国内旅游的延伸和发展。

2. 按旅游性质和人们出游的目的分类

按旅游性质和人们出游的目的划分，旅游活动可分为六大类。

（1）休闲、娱乐、度假类

属于这一类旅游活动的有观光旅游、度假旅游、娱乐旅游等。

（2）探亲、访友类

这是一种以探亲、访友为主要目的的旅游活动。

（3）商务专业访问类

属于这一类的旅游活动有商务旅游、公务旅游、会议旅游、修学旅游、考察旅游、专项旅游等，也可将奖励旅游归入这一类，因为奖励旅游与游客个人职业及所在单位的经济活动存在紧密关系。

（4）健康医疗类

健康医疗类旅游主要是指体育旅游、保健旅游、生态旅游等。

（5）宗教朝圣类

宗教朝圣类旅游主要是指宗教界人士进行的以朝圣、传经布道为主要目的的旅游活动。

（6）其他类

上述五类没有包括的其他旅游活动，例如探险旅游等。

3. 按人数的分类

按参加一次旅游活动的人数划分，旅游活动可分为团队旅游和散客旅游。

（1）团队旅游

团队旅游是由旅行社或旅游中介机构将购买同一旅游路线或旅游项目的 10 名以上（含 10 名）游客组成旅游团队进行集体活动的旅游形式。团队旅游一般以包价形式出现，具有方便、舒适、相对安全、价格便宜等特点，但游客的自由度小。

（2）散客旅游

散客旅游是由旅行社为游客提供一项或多项旅游服务，特点是预定期短，规模小，要求多，变化大，自由度高，但费用较高。

（3）自助旅游

人们不经过旅行社，完全由自己安排旅游行程，按个人意愿进行活动的旅游形式，例如，背包旅游。特点是自由，灵活，丰俭由人。很多人认为自助旅游是一种省钱的旅游方式，旅游内容粗糙，可能会有很多危险，旅馆没有预定会有不安全的感觉，这是一种错误的认识。其实，如果深入了解自助旅游特性，会发现自助旅游是一种相当精致有特色的旅游形态。自助旅游使所有的花费都可依自己的喜好来支配，行程可弹性调整，又可深入了解当地民情风俗。自助旅游绝非玩得多、花得少的旅游方式，而是一种在同一地方花上较多的时间深入了解该地的特色，接触当地的人与事，看自己想看见的东西，走自己想走的路。

（4）互助旅游

互助旅游是网络催生的一种旅游模式，以自主、平等、互助为指导思想的一种交友旅游活动，是经济旅行（没有中间商）。通俗地说，互助游就是交朋友去旅游，使网络上的人脉关系走向现实世界，强调旅行不该只是“我路过”，而应该是“我体验”。互助旅游将成为当今人们主选的旅游模式之一，也是科技时代带给人们的现代社交观念与快乐生活的方式。

三、中国国内旅游

中国国内旅游，是指中国公民在中国国境内（不包括港澳台地区）的旅游活动。目前，国内旅游是旅游的主要内容，作为市民，旅游活动也是从国内旅游开始的。国内旅游有很多种分类，旅行社经常按照交通工具的不同，分为飞机旅游、火车旅游和汽车旅游。在肇庆、云浮地区，飞机旅游的产品占大多数，其次是汽车旅游，最后是火车旅游。而从人数来说，却是汽车旅游占多数。一般来说，肇庆地区周边、广东省内、广西、福建、海南地区一般是汽车旅游，火车旅游目前主要有江西、福建、湖南等。而其他地区，一般为航空旅游。

1. 国内旅游的资源

（1）自然景观

我国地大物博，旅游资源丰富，全国各地旅游资源各有特色，分为自然景观和人文景观。自然景观包括：

1）名山大川。如，黄山、庐山、长江三峡等。

2）湖泊海洋。如，天山天池、海南岛等。海洋旅游一般和度假结合在一起，而湖泊一般和其他景点结合。

3）瀑布清泉。如，贵州黄果树瀑布、济南趵突泉等。

4）洞穴生物。如，桂林银子岩、北京香山红叶等。

（2）人文景观

因为我国有着悠久的历史，故人文景观也是我国旅游资源的重要组成部分，包括：

1）历史古迹。如，西安兵马俑、北京故宫等。

2）宗教圣地。如，山西五台山、四川峨眉山等。

3）园林建筑。如，苏州园林、北京颐和园等。

4）现代都市。如，深圳、珠海等。

5）民族风情。如，云南、西藏等。

在设计旅游线路时，往往结合交通等因素，把自然景观和人文景观紧密结合，力求使线路更加合理，更具有吸引力。

2. 国内旅游的经典线路及与季节的关系

就国内线路来说，比较经典的线路有北京五日游、华东五市六日游、昆明大理丽江六日游、桂林三日游、海南四日游、厦门三日游等。有些线路季节性比较强，比如东北三省线路一般在春节时候出团机会比较大；丝绸之路和西藏一般集中在七八月。有些线路季节性不是很明显，但易受气候环境的影响，比如北京四五月份风沙较大；桂林冬季漓江水质较差；九寨沟冬天不能进入黄龙；海南夏天太热等，而每年的九月和十月份，则是国内旅游的最佳季节，这时天气凉爽，国内自然风光进入了最佳观赏时期。因而，这个时候是国内旅游的旺季。

3. 影响国内旅游报价的因素

（1）交通工具对报价的影响

一般来说，飞机团的成本受到飞机票折扣的影响，汽车团的成本受到人数多少的影响，而火车团相对价格更加稳定。

（2）组团方式对报价的影响

如，肇庆、云浮地区由于市场比较小，游客参团不集中，经常导致各旅行社游客不足以成团，故拼团成为一种常规的做法。拼团就是某家旅行社以一个中性品牌作为出团标志，各旅行社参团的游客共同组成一个团队，以降低成本，争取成团。这种做法一开始受到游客的抵制，但是随着这种做法的规范，以及组团社的责任心的加强，游客逐渐接受了这种做法，但前提是组团社必须在游客报名的时候说清楚。

（3）购物项目对报价的影响

购物本属于旅游的一个内容，但是在几年前出现的一种很低报价的购物团则使旅游购物这个正常的项目变味了，并且引起了很多投诉和纠纷。在肇庆，比较突出的是海南、桂林、云南及华东游等。出现这种情况的主要原因是旅行社有意降低报价，同时，游客的消费心理又不成熟造成的。对外报价基本就是机票火车票等交通工具的价格，而当地的地接价几乎为零。因此，导游带团时必须到购物点赚取佣金以及通过加点赚取佣金，才能抵回地接社的成本。那么，当游客接受了一个很低的报价的时候，到目的地，面对着那么多的购物和加点，就意见很大了。而如果组团社在游客报名时没有说清楚，那么很容易造成投诉等质量问题。

四、海外及港澳旅游

随着人民生活水平的提高，出国旅游开始走进平常百姓的生活。但是，由于种种原因，我国出国旅游并不能像国内旅游那样方便。第一，出国旅游者必须持有护照；第二，我国旅游者到外国旅游，多数国家需要签证；第三，我国公民只能到国家旅游局公布的旅游目的地国家旅游。

1. 护照和通行证

(1) 护照

1) 护照。中华人民共和国护照是发给中国公民，供其出入国境和在境外旅行、居留时证明其国籍和身份的证件。

2) 中华人民共和国护照分为外交护照、公务护照、普通护照和香港特别行政区护照。外交护照、公务护照和普通护照的有效期，根据持照人不同情况和需要加以确定，但最长不超过 5 年。期满前可延期，但每次延长期限不得超过护照原有有效期。香港特别行政区护照的有效期为 10 年，签发给 16 周岁以下儿童的护照有效期为 5 年。中华人民共和国各种护照的有效地区均为世界各国。

①外交护照（Diplomatic Passport）。是一国政府依法颁发给国家元首、政府首脑及高级官员、外交代表、领事官员等人从事外交活动使用的护照。护照封面颜色多种多样，但一般都印有“外交护照”字样的明显标志。

②公务护照主要颁发给中国各级政府部门的工作人员、驻国外的外交代表机关、领事机关和驻联合国组织系统及其专门机构的工作人员和他们的随行配偶、未成年子女等。

外交护照和公务护照有效期最长不超过 5 年。

③普通护照又分为因公普通护照和因私普通护照。因公普通护照主要颁发给国有企事业单位出国从事经济、贸易、文化、体育、卫生、科技交流等公共事务活动的人员。因私普通护照主要颁发给因定居、探亲、访友、继承财产、自费留学、就业、旅游等私人事务出国和在国外定居的中国公民（见图 2—1，图 2—2）。

图 2—1　普通护照

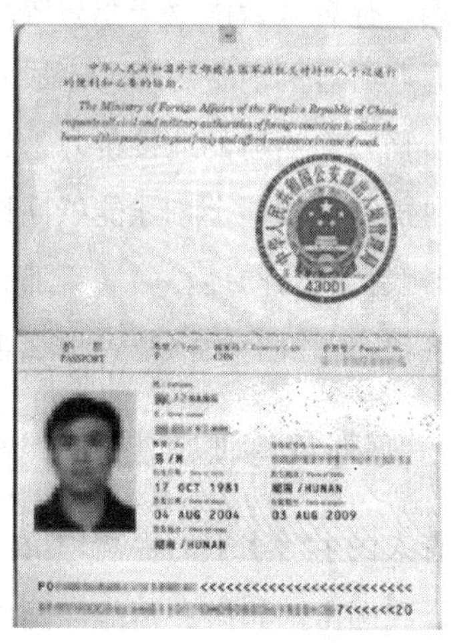

图 2—2　普通护照

④香港特别行政区护照主要颁发给持有香港永久性居民身份证的中国公民。

（2）港澳通行证（见图 2—3、图 2—4）

图 2—3 港澳通行证

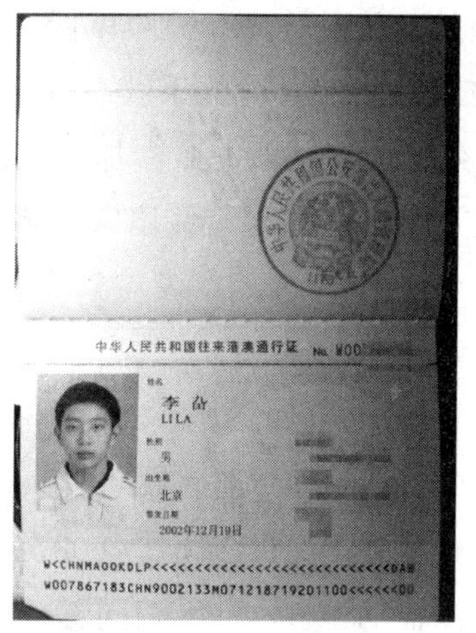

图 2—4 港澳通行证

1）港澳通行证。中华人民共和国往来港澳通行证是公安机关出入境管理部门签发给内地居民往来香港或澳门地区旅游、探亲、从事商务、培训、就业等非公务活动的旅行证件。

2）客人参加港澳游、出国游，必须提前办理往来港澳通行证、5 年因私护照。办理程序如下：

①到公安机关出入境管理部门领取申请表办理港澳通行证或 5 年因私护照者，需提供 2 寸光面蓝底免冠彩色相片 5 张（不裁边）。

②盖章。需盖章者，请将单位印章盖在相片贴表骑缝处和表格后面的“单位公章”处。申办往来港澳通行证者，在《广东省居民往来港澳地区旅游、探亲、商务申请表》贴上本人照片并如实填写；申办 5 年因私护照者在《广东省居民因私出国护照申请表》贴上本人照片并如实填写。往来港澳通行证及 5 年因私护照除国家公职人员，国有大中型企业领导班子成员或财务总监，金融、保险系统人员，科研、医疗、大中专院校副高职称以上人员必须由单位加盖意见，其他人员均无需加盖公章。

③送证、领证。由本人携带户口本、身份证原件、2 寸彩色蓝底相片 5 张到市公安局出入境管理处办理手续，并向公安局交纳证件费：港澳证照费 120 元（香港或澳门单个签注）、140 元（香港、澳门两个签注），因私护照证照费 200 元。申请表经市公安局出入境管理处受理审核后送省公安厅统一办照。按公安部门规定，办

理时间为 15 个工作日（节假日除外）。领证可按约定的领证日期自行前往办理处领取或经由邮政快递寄回。

但是，并不是持有护照就能够到其他国家旅游，首先还必须取得该国的签证，也就是同意入境的手续。各个国家，对签证的要求不同。护照和通行证是 5 年有效的，未办理护照参加出境游者，必须先办理护照。相对于国内游来说，海外游手续比较多。有些国家的签证甚至需要游客的资产证明、单位证明以及保证金。

2. 签证

签证是旅游目的地国家和地区同意旅游者进入该国家和地区旅游的手续。一般来说，签证必须在护照有效期最少 6 个月内，即如果今天是 2008 年 3 月 1 日，那么护照的有效期最少必须在 2008 年 8 月以后。而各个国家的签证要求和日期都有差别，所需的资料也不尽相同。一般来说，护照、照片、户口本和身份证比较常见，而有的国家要求单位证明、个人资产证明等。

3. 旅游目的地国家和地区

2001 年，国家旅游局特许 528 家旅行社有出境游经营权后，中国的出境旅游步入了正轨，发展迅速。但是，根据我国政策，并不是我国公民可以到任何海外国家进行旅游。我们是通过和目的地国家签订协约后，逐步开放的。目前开放的国家和地区主要分布在东南亚、韩国、日本、南印度洋度假岛屿、欧洲部分地区、非洲部分地区以及大洋洲和北美洲等。港澳台地区的旅游目前也已全面开放。

（1）东南亚地区

东南亚地区是我国最先开展海外游的目的地国。主要有泰国、新加坡、马来西亚，我国目前成了这些国家的主要客源国。但是，目前这些国家的旅游产品多是低价产品，购物和加点成为常规做法，价格甚至比国内游还低。前段时间甚至出现了严重的质量事故。政府部门希望着手改变，但是收效很小。目前已经逐渐开发出一些休闲度假产品，情况有所改变。东南亚经常成为游客第一次出境的首选。

（2）大洋洲地区

澳大利亚和新西兰也开始成为出境游的热点。由于地处南半球，气候和我们相反，并且远处大洋中间，环境优美、空气清新、经济发达，对经济条件良好的游客有很大的吸引力。一般来说，澳大利亚和新西兰的团队是从香港出发的，主要游览澳大利亚东线，包括墨尔本、堪培拉、悉尼和布里斯班。新西兰是一个发达的农业国家，也是离南极洲最近的国家，以高素质的居民著称。

（3）日韩地区

日本和韩国也是出境游的热线。韩国适宜的旅游季节是冬季，可以参加滑雪；而日本在春天樱花盛开的时候比较合适旅游。韩国的卖点有首尔的华克山庄，而日本消费水平较高，线路报价较高。

（4）欧美地区

欧美旅游是近年才开始全面开放的。欧洲地区的旅游业发展比较成熟，旅游设施比较完善，服务质量也比较好。在欧盟国家中，有时一天路过一个国家，异国情调浓厚。美国和加拿大的旅游近年来也日益兴旺，但是由于地域远，时区跨度大，航班时间长，价格较高等特点，导致选择这个区域的旅游者通常消费能力较强，假期较长。

（5）港澳地区

香港和澳门是近期发展最快的旅游目的地。通常有香港二天、三天游和港澳四天游等线路。

学习单元 2　酒吧服务知识

- 掌握酒吧服务流程
- 能根据流程提供宾客服务

酒吧服务流程

服务流程具体工作内容（见图 2—5）。

1. 做好酒吧开吧前的各项准备工作

上岗前检查仪容仪表、检查酒吧设施设备、清洁酒吧卫生、准备酒吧用具、补充酒水等都是开吧前的准备工作。此部分内容在初级部分有详细介绍。

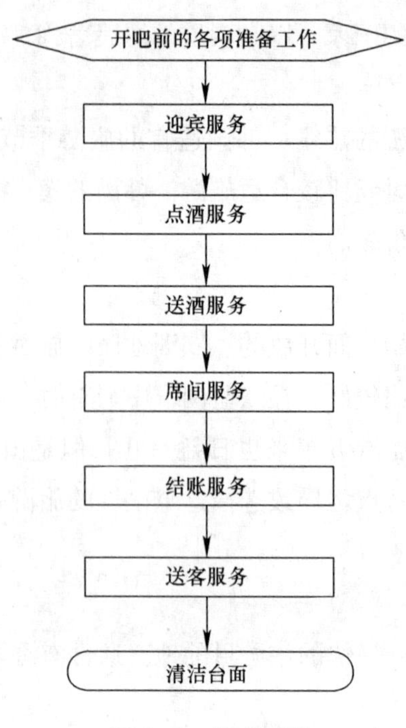

图 2—5 服务流程

2. 迎宾服务

迎宾服务是酒吧为顾客提供服务的开端。礼貌得体、优雅大方的迎宾服务，在吸引了顾客的同时，也为酒吧树立了良好形象。迎宾服务包含以下流程。

（1）问候

酒吧入口处应设迎宾岗位，当客人进入酒吧时，应第一时间行礼并问候客人。

（2）引领入座

引领入座即引导带领客人进入酒吧，至其满意的座位落座。引领入座时要根据客人人数、穿着、年龄及客人之间的关系，引领至其适合的座位，通常规律如下：

1）根据人数安排座位。单个客人喜欢到吧台前的吧椅就座；对两位以上的客人，可按照具体人数来安排座位；人数较多的客人，在安排餐位的时候，一般安排靠里的位置，因为人多比较热闹，以免影响其他客人。

2）根据穿着安排座位。对着装入时、华丽的客人应尽量安排在餐厅比较显著的位置，一是衬托餐厅的气氛，二来也表示尊重客人。

3）根据客人间的关系安排座位

①谈生意的客人边用餐边谈工作，不喜欢他们的谈话被别人听到，比较喜欢安静的角落。可以将他们安排在一个不靠近通道和备餐间等比较安静的位置，这也能表示对客人的尊重。

②一对恋人来用餐，应该为他们找一个既安静又便于观赏景色的地方。

4）根据客人年龄安排座位。带有小孩的客人应安排在尽可能不打扰其他客人的地方。

（3）拉椅让座。引领至客人满意座位后，帮助客人拉椅方便客人落座。

3. 点酒服务

（1）点酒服务的流程

点酒服务即为客人点酒并下单的服务过程。此服务是酒吧服务中非常重要的环节之一，既要求酒吧服务人员具备优秀的专业知识，了解酒吧内的各种酒品特色，也要有良好的表达能力和销售技巧。点酒服务的具体流程如下。

1）示以酒单

2）记录酒水订单。酒水订单是指用来记录客人所点酒水的单据，它既是酒吧内部工作效率的保证，也是结账的最终依据，因此填写必须清晰、准确。

3）分送酒水订单。分送酒水订单是指当酒水订单填写完毕之后，酒吧服务人员将其分别送至收银台和吧台的过程。

（2）点酒服务中的推销

在点酒过程中要适度地向客人进行推销，以达到增加酒吧收益的目的。常用的推销技巧如下：

1）对于熟客，记住客人的姓名及对酒水的偏好，以便推荐其喜爱的酒水。

2）掌握酒水的口味和酒精度等，以便更好地为客人介绍。

例如：女性朋友偏爱椰子汁、鲜奶、雪糕等，醉酒或饮酒过量的客人适宜参茶、柠檬蜜、热鲜奶或者酸奶，对患感冒的客人应该推荐可乐煲姜。

3）根据不同地区和不同民族的饮食特点加以推荐。

不同地区和民族的人对饮食有不同禁忌和口味上的偏好。如信奉伊斯兰教的人通常是禁酒的，但是偏好口味浓重的意式咖啡；北欧和俄罗斯等地区由于气候寒冷所以偏爱烈性酒，尤其是伏特加；韩国和日本的客人非常喜欢口感柔和的酒精饮料，比如清酒或者米酒；欧洲的宾客则更偏爱葡萄酒和白兰地。

4）根据客人所用的各种酒水加以推销各种小食品。

酒吧通常会提供佐酒小吃，如棉花糖、薯条、洋葱圈和爆米花等。在点酒之后，要适度询问是否点佐酒小吃，尤其要询问女士和小朋友，可以增加销售机会。

5）推销的适度性。过度的推销会引起客人的反感，反而不利于销售。

当宾客表示对服务人员的推荐没有兴趣时，应立即转向另外一类酒水的介绍；

当宾客露出不耐烦的表情时，应立即停止推销；在宾客出现醉态时应停止酒精饮料的推销，转而推荐解酒和养胃的饮料，如牛奶和茶等。

4. 送酒服务

送酒服务即按照酒水服务的规定，将酒水连同需要的用品送至客人面前。

5. 席间服务

在席间要勤巡视，及时为客人更换、补充杯具、纸巾和烟灰缸等物品。席间服务是良好服务的重要体现，殷勤热情的席间服务，不仅有利于提高客人的满意度，使客人充分感受到受重视的心理满足，同时也有利于提高二次销售的概率。

6. 结账服务

结账服务的具体流程如下：

（1）取账单

（2）请客人核对账单

（3）接收钱款

7. 送客服务

客人准备离开时，服务人员要做好送客准备，提醒客人带好随身物品，并送客至酒吧门口。

8. 清洁台面

在客人离开后，清理台面，恢复至迎客状态。

技能要求

一、酒吧迎宾服务

1. 操作准备

（1）场地准备

模拟酒吧。

（2）物品准备

酒吧迎宾服务所需工具和物品，如桌椅等。

2. 操作步骤

（1）问候客人

1）客人到来时，酒吧服务员应立即迎上微笑行礼并问候客人。如“您好，欢迎光临”或者“晚上好”。

①如果是熟客，应能称呼出客人的姓氏。如“您好，王先生”或者“您好，陈总”。

②声音掌握适度，保证客人听到即可。

2）问候的同时应使用适当礼仪表示敬意，迎宾时通常会使用鞠躬礼或者颔首礼。

（2）引领入座

1）询问客人人数，以便安排恰当的座位。如“请问您几位”。

2）按照引领规范带领客人进入酒吧并至座位。

3）到达位置后，首先征询客人对座位的位置是否满意。如果客人不喜欢酒吧服务人员所指定的位置，则可以由客人自己选择座位。

（3）拉椅让座

1）将椅子向后搬开，使客人能够站立于椅子前。

2）示意客人坐下。

3）当客人向下坐时，将椅子向前缓缓推至客人腿部，使客人坐下时感到舒适。

4）注意服务时，应遵循先女后男，先宾后主的服务次序。

二、点酒服务

1. 操作准备

（1）场地准备

模拟酒吧。

（2）物品准备

酒单、圆珠笔、酒水订单簿等。

1）依据本酒吧的规模备好饭店规定数量的酒单和台卡。

2）检查酒单是否破损以及清洁程度。

3）台卡一般摆放于吧桌的中心部位。

2. 操作步骤

（1）示以酒单

1）站立于客人右后侧。

2）将酒水单的第一页打开，双手礼貌地递送给客人。

3）递送给客人酒水单时，应遵循先女后男，先宾后主的服务次序，还可根据情况需要随机应变。

4）如客人在交谈时，应稍等几秒钟，或主动说：“打扰了，先生/女士给您酒水单。”

（2）记录酒水订单

1）将酒水单递送给客人后，应给客人一定的选择时间，然后再询问客人是否可以开单。如有离开的客人未到，应稍等一会儿或主动问客人是否点酒水。当服务员为客人点单时应主动问客人：先生/女士，请问您喜欢喝点什么？

2）注意听清楚客人所点的酒水名称和数量（或分量），如客人犹豫不决时，服务员要及时地向客人推荐或提出建议并解释和介绍酒水单上的品种。

3）当客人点要进口蒸馏酒或一些特殊饮品时，要问清客人所点要的分量和如何饮用，并记录下来，以便调酒员制作。

4）在开单过程中，应注意向客人积极地推销酒吧的产品，争取客人最大限度地在酒吧消费。

客人在看酒水单时，服务员应主动询问客人爱好哪一类酒水，并以建议的形式推销酒水。推销时应注意，从洋酒开始试推，然后依红酒、啤酒、饮料的顺序来推。点完酒水后，应主动询问客人是否需要来点什么小吃及果盘等。在点单时，如点有饮料，应注意询问客人，需要什么样的饮料，热饮/冷饮、需要什么口味的饮料并加以介绍。

5）酒吧服务人员开单时，应注意热饮、冷饮、果盘、咖啡等需要一定制作时间的应先报给调酒师，以避免出货过慢。开单时要快、准确、清楚、无误，应写清楚桌号、服务员编号、日期、酒水品名、单价、数量、是否是会员价、刷卡、封单、合计/时间。

开列的酒水订单应字迹工整，内容完整。具体内容填写规范见表 2—1 和表 2—2。

表 2—1　　　　空白酒水订单

酒水订单 NO. 00001 台号　　日期　　服务员			第一联：收银台 第二联：吧台 第三联：服务员
名称	数量	金额	
合计			

表 2—2　　填写完整的酒水订单

<table>
<tr><td colspan="3">酒水订单
NO. 00001
台号　006　　日期　3. 12　　服务员　021</td><td rowspan="11">第一联：收银台　第二联：吧台　第三联：服务员</td></tr>
<tr><td>名称</td><td>数量</td><td>金额</td></tr>
<tr><td>金汤立</td><td>1 杯</td><td></td></tr>
<tr><td>可口可乐</td><td>1 听</td><td></td></tr>
<tr><td>雪碧</td><td>1 听</td><td></td></tr>
<tr><td></td><td></td><td></td></tr>
<tr><td></td><td></td><td></td></tr>
<tr><td></td><td></td><td></td></tr>
<tr><td></td><td></td><td></td></tr>
<tr><td></td><td></td><td></td></tr>
<tr><td colspan="3">合计</td></tr>
</table>

6）开单后，服务员要向客人重复一遍所点酒水的名称、数目，得到确认，以免出错。开单结束后，礼貌地向客人道谢并请客人稍事等候。

7）尽量记住新客喜欢的酒水，注意将其培养成为老顾客，方便下一次推销。

（3）分送酒水订单

酒水订单通常是一式三联，酒吧服务人员开单完毕后，应将一份酒水订单迅速地交给调酒师，以便为客人调制或斟倒酒水；将另一份酒水订单交柜台收银员，以便及时记账，以避免漏账；底联单由服务员保管，以便对账使用。

三、送酒服务

1. 操作准备

（1）场地准备

模拟酒吧间。

（2）物品准备

酒水、托盘、冰桶、杯具、纸巾、开瓶器等。

2. 操作步骤

（1）取酒

1）根据酒水订单确认酒水是否正确、齐全。

2）将客人点的酒水、杯具、小吃及服务用具一起放在托盘上。

（2）上酒

服务员应从客人的右侧送上。

1）送酒时应先放好杯垫和免费提供的佐酒小吃，递上餐巾后再上酒，报出饮品的名称并说："这是您（你们）的，请慢用"。

2）在送酒服务过程中，服务员应注意轻拿轻放，手指不要触及杯口，处处显示礼貌卫生习惯。

（3）整瓶酒服务

整瓶酒服务泛指所有整支包装的饮料，其中也包括整听的啤酒、饮料，整瓶的汽水、洋酒和葡萄酒等。

不同类型饮料的服务是不同的，分别介绍如下。

1）听装酒水的服务

①手持托盘从客人右侧上酒，上酒前要语言提示客人，如"打扰一下"。

②右手持托盘，依次将杯垫、杯具放于客人面前。

③在托盘上将饮料打开，注意开口方向要背向桌子，避开客人，以免带碳酸的饮料开瓶时喷出液体。

④饮料类斟至8分满即可；啤酒斟至7分酒液3分泡沫为宜，斟倒时避免速度过快导致泡沫溢出。

2）瓶装酒水的服务

①手持托盘从客人右侧上酒，上酒前要语言提示客人，如"打扰一下"。

②右手持托盘，依次将杯垫、杯具放于客人面前。

③将酒水放置于桌上打开，有些瓶装酒水需要使用开瓶器开酒。

④饮料类斟至8分满即可；啤酒斟至7分酒液3分泡沫为宜，斟倒时避免速度过快导致泡沫溢出。

3）洋酒的服务

①验酒

验酒的目的，其一是得到客人认可，假如拿错了酒，验酒时经客人发现，可立即更换，否则未经同意而擅自开酒，也许会遭到退回的损失；其二是体现对客人的尊重，不论客人对酒是否有认识都应验酒；其三是显示服务的规范。

具体验酒方法是，一手托住瓶底，一手捏牢瓶颈，酒标面向客人，让客人过目。

②开酒

不同的洋酒开酒方法不同，要视情况而定。开瓶时动作要利落，用力轻重适宜，避免动作过猛导致酒液涌出或滴洒。

③斟酒

倒洋酒时，通常只倒一个盎司的量，也叫一份，也可根据客人要求酌量斟倒。

4）葡萄酒的服务。酒从酒库取出，在拿给客人验酒之前，均需将每只酒瓶上的灰尘擦拭干净；仔细检查缺点并进行弥补后，再拿至餐桌上给客人验酒。葡萄酒的服务比较复杂，此处做简略介绍，在葡萄酒侍奉部分会做详细介绍。

3. 注意事项

（1）开启含有碳酸的饮料，如啤酒等时，应将瓶子远离客人，并且将瓶身倾斜，以免液体溢至客人身上。

（2）补斟的酒不好喝，必须喝光再重新斟满。

（3）如客人同时饮用两种酒时，不能在同一酒杯中斟入两种不同种类的酒。

（4）已开的酒瓶，应置于主人右侧。

四、席间服务

1. 操作准备

（1）场地准备

模拟酒吧间。

（2）物品准备

托盘、杯具、烟灰缸、抹布等。

2. 操作步骤

（1）席间巡视

勤巡视在店客人的桌面，查看是否有需要提供的服务。

（2）更换烟灰缸

1）手持托盘，将新烟灰缸放置在托盘上，站于客人右侧，用语言示意客人，如“对不起，打扰了”。

2）当得到客人同意后，先将新烟灰缸置于桌面使用过的烟灰缸之上，然后单手扣在烟灰缸上方，将两个烟灰缸一起拿起放在托盘上，最后将新烟灰缸放回桌上即可。

（3）撤换杯具

当发现客人桌面的空杯具时，要上前询问是否需要更换或者撤掉杯具，客人同意后，从客人右侧上前，先拿起旧的杯具，再重新放上新杯具即可。

（4）清理台面

适时为客人清理台面上的杂物，以保证台面清洁。

五、结账服务

1. 操作准备

（1）场地准备

模拟酒吧间。

（2）物品准备

酒水订单、账单夹。

2. 操作步骤

（1）取账单

当客人提出结账要求时，方可为客人结账。从收银台拿账单时应先核对台号和所点酒水是否正确。

（2）请客人核对账单

将账单放在账单夹中，在客人面前打开，双手给客人，并说："对不起，先生，这是您的账单"。

（3）接收钱款

1）如果客人支付现金，服务员应当着客人的面，核对一下钱款的数目，并唱收钱款，将账单第一联及找的零钱放在账单中，在客人面前打开交给客人。

2）如果客人使用信用卡，当客人在账单上签完字后，应注意核对笔迹是否同信用卡上的背书相同，并由收银员检查信用卡是否可以使用。

六、送客服务

1. 操作准备

模拟酒吧间。

2. 操作步骤

（1）拉椅道别

当结账手续完成后，如果客人起身离去时，应主动为客人拉椅道别，并欢迎客人下次再次光临本酒吧。

（2）清理台面

客人完全离开后，服务员应用托盘将台面上的所有杯、瓶、烟缸及杂物等全部用托盘撤掉，如桌布已脏或打湿及时应更换桌布。然后摆好桌面物品，准备接待下一桌客人。

3. 注意事项

调酒师接到点酒单后要及时调酒，并应注意以下事项：

（1）调酒时要注意姿势正确，动作潇洒，自然大方。

（2）调酒师调酒时，应始终面对客人。去陈列柜取酒时应侧身而不要转身，否则被视为不礼貌。

（3）严格按配方要求调制。如客人所点的酒水酒吧没有时，应征询客人的意见而决定是否需要调换。

（4）调酒师调酒时要按规范操作。

（5）调制好的酒应尽快倒入杯中，对吧台前的客人应倒满一杯，其他客人斟倒八成满即可。

（6）随时保持吧台及操作台的卫生。用过的酒瓶应及时放回原处，调酒工具应及时清洗。

（7）当吧台前的客人杯中的酒水不足 1/3 时，调酒师可建议客人再来一杯，起到推销的作用。

（8）掌握好调制各类饮品的时间，不要让客人久等。

第 2 节　饮 料 服 务

饮料服务是指对不同种类的饮料和饮用习惯所提供的不同的服务，其中包括服务用品、杯具、服务程序等。在本节学习中应充分结合本书第一章饮料制作部分的内容，以便更完整、系统地了解整个服务的过程。

学习目标

➢ 能够根据不同单品饮料和混合饮料的习惯饮用方式进行服务

技能要求

一、常用单品饮料的服务

1. 操作准备

（1）场地准备

模拟酒吧。

（2）物品准备

各类单品饮料，吸管，杯垫，胶棒，冰块，雪克壶，咖啡壶，咖啡杯和咖啡碟，咖啡匙，奶罐和糖盅，鲜牛奶，淡奶，长饮杯，茶杯和茶盘，各种茶叶，茶匙，茶包，柠檬片。

2. 操作步骤

（1）单品酒精饮料服务

单品酒精饮料是指只含有一种酒精饮料的饮品，即各种烈酒。烈酒服务时，通常会以“份”和“瓶”为单位。一“份”是根据不同酒吧的成本核算制定得出，多为1 oz、1.5 oz或者2 oz。

1）准备物品。通常使用烈酒杯或者古典杯，并配以杯垫。

2）取饮料。烈酒常温存放即可，上酒前查看瓶封是否完好，酒标是否完整无污渍，并用干抹布擦去瓶身浮土；如果是以“份”为单位销售时，则斟倒后再上酒即可。

3）其他服务。包括提供冰、盐等。

（2）碳酸饮料

1）准备用品。要注意饮料的载杯应为海波杯（HIGH BALL），并配以吸管和杯垫。

2）取饮料。要注意碳酸饮料适宜温度为4～8℃，因此在饮用前应冷藏，并在杯中加入冰块，饮料里可放一片柠檬加以调味。

3）开瓶时不能摇动，避免饮料喷出溅到客人身上。

4）斟倒。一般斟倒8分满。

（3）矿泉水

1）准备用品。其载杯是海波杯，一般不在杯中加冰块。

2）取饮料。可常温或冷藏饮用。可在杯中放入一片柠檬片，增加其口感。

3）开瓶及斟倒。通常开瓶应当着客人的面，斟倒至8分满为宜。

（4）果汁

1）准备用品。果蔬汁载杯为海波杯，配吸管和杯垫。

2）取饮料。果蔬汁一般冷藏饮用，但不宜在杯中加冰块饮用。鲜榨果汁一般不加热饮用，尤其是西瓜汁。

3）开瓶及斟倒。果蔬汁斟量一般为8分满。

（5）咖啡的制作与服务

1）制作咖啡

①取用冲调一壶咖啡所用的咖啡粉装进咖啡机手柄里，并且把多余的咖啡粉去掉（见图2—6、图2—7）。

图 2—6　取咖啡粉放入手柄

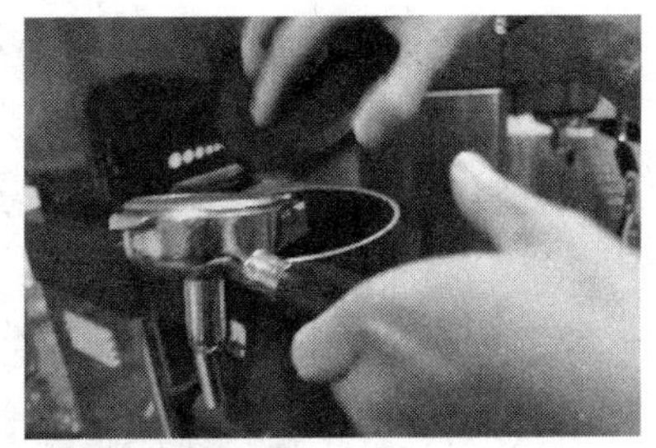

图 2—7　去掉多余的咖啡粉

②将咖啡机手柄里的咖啡粉压实变为咖啡饼（见图 2—8、图 2—9）。

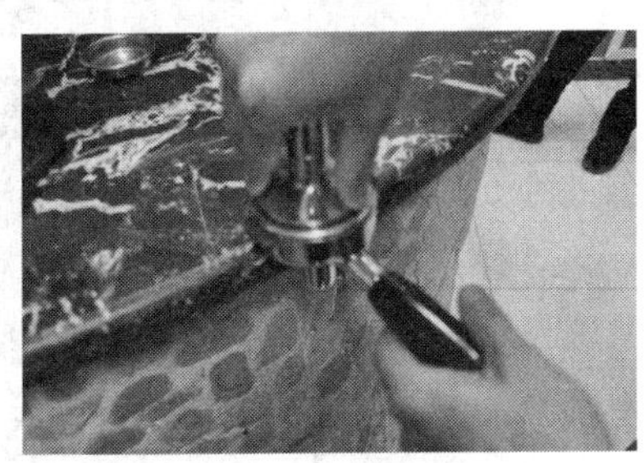

图 2—8　将咖啡机手柄内的咖啡粉压实

图 2—9　将咖啡机手柄内的咖啡粉压实

③按下开关，将咖啡机出水口的存水流出，再将带有咖啡的手柄装在咖啡机上并按下开关（见图 2—10、图 2—11）。

图 2—10　将咖啡机的存水放出

图 2—11　将咖啡手柄装上

④在手柄下放好所用杯具，等待咖啡出品（见图 2—12）。

⑤咖啡出品完成，同时要配齐咖啡用具。

2）咖啡用器具的摆放（见图 2—13、图 2—14）

①使用托盘，在客人右方服务。

②将干净的咖啡碟和咖啡杯摆放在客人餐台上。

图 2—12　等待咖啡出品

图 2—13　咖啡用器具的摆放

图 2—14　咖啡用器具的摆放

③如客人只喝咖啡，则摆在客人的正前方。

④如客人同时食用甜食，则摆在客人的右手侧。

3）咖啡的服务

①服务咖啡时，按顺时针方向进行，女士优先，先宾后主。

②咖啡斟至 2/3 处。

③将奶罐和糖盅放在餐桌上，便于客人取用。

4）注意事项

①为客人服务咖啡时，不得将咖啡杯从桌面上拿起。

②不得用手触摸杯口。

③同一桌客人使用的咖啡杯，必须大小一致，配套使用。

④及时为客人添加咖啡。

（6）冰咖啡的制作与服务

1）冰咖啡的制作

①在长饮杯中放入 1/2 杯的冰块。

②将咖啡倒入长饮杯至 4/5 处。

③将吸管和搅棒插入杯中。

2）冰咖啡的服务

①使用托盘，在客人右侧服务。

②先在客人面前放一块杯垫，再放上冰咖啡。

③将糖水和奶罐放在便于客人取用的台面上。

④糖水和淡奶由客人自己添加。

（7）中国茶的制作与服务

1）中国茶的制作

①确保茶叶质量。

②将适量的茶叶倒入茶壶中（茶叶与水的比例为 1：50）。

③先倒入 1/3 的热水，将茶叶浸泡两三分钟，再用沸水将茶壶沏满。

2）中国茶的服务

①使用托盘，在客人右侧服务。

②茶应倒至茶杯 4/5 位置。

③当茶壶中剩 1/3 茶水时，再为客人添加开水。

3）注意事项

①为客人斟茶时，不得将茶杯从桌面拿起；

②不得用手触摸杯口；

③同一桌客人使用的茶杯，必须大小一致，配套使用；

④及时为客人添加茶水。

（8）英国茶的服务程序与标准

1）英国茶的制作

①用沸水沏茶。

②每壶茶应放入一袋无破漏、干净的英国茶。

③沏茶时，将沸水倒人茶中至 4/5 的位置。

2）英国茶的服务

①使用托盘，在客人右侧为客人服务。

②先将一套茶杯、茶碟、茶匙放在桌上，茶匙与茶杯成 45°，茶杯把与客人平行。

③用茶壶将茶水倒入杯中，茶水应倒满茶杯的 4/5。然后将奶罐和糖盅放在客人便于取用的台面上。

④甜食盘放在餐桌上，由客人自己添加糖和牛奶。

⑤当茶壶内茶水剩下 1/3 时，上前为客人添加茶水。

（9）冰茶的制作与服务

1）冰茶的制作

①在长饮杯中放入适量的冰块。

②将凉茶倒入长饮杯至4/5处。

③将柠檬片放入杯中。

④将吸管插入杯中。

2）冰茶的服务

①使用托盘，在客人右侧服务。

②先在客人面前放一块杯垫，再放上冰茶，在其右侧放一装有糖水的奶罐。

③将搅拌棒放在冰茶和奶罐之间。

（10）啤酒的服务

1）啤酒的推销

熟练掌握各种啤酒知识，在客人点饮品时，主动介绍本店啤酒品牌及特点。

为客人填写订单并到酒吧取酒，不得超过5分钟。

2）啤酒的服务

①用托盘拿回啤酒及冰冻酒杯，依据先宾后主、先女后男的原则为客人服务啤酒。

②提供啤酒服务时，服务员站在客人右侧，左手托托盘，右手将冰冻啤酒杯放在客人餐盘的右上方，拿起客人所订啤酒在客人右侧侧立，将啤酒轻轻倒入酒杯中。倒啤酒时，使啤酒沿杯壁慢慢滑入杯中，以减少泡沫。

③倒酒时，酒瓶商标应面向客人。

④啤酒应斟10分满但不得溢出杯外。

⑤如瓶中啤酒未倒完，应把酒瓶商标面对客人，摆放在酒杯右侧，间距2 cm。

3）啤酒的添加

①随时为客人加啤酒。

②当杯中酒仅剩1/3时，主动询问是否添加。

③如不需要则及时将空杯撤下。

二、常用混合饮料的服务

1. 操作准备

（1）场地准备

模拟酒吧。

（2）物品准备

各类混合饮料。

2. 操作步骤

（1）烈酒的服务

1）用托盘取回烈酒及辅料，准备适量杯垫。依据先宾后主、先女后男的原则为客人服务。

2）提供服务时，服务员站在客人右侧，左手托托盘，右手先将杯垫摆放在客人餐盘的右上方，将烈酒杯放在上面，并报出烈酒名称。

3）拿起辅料公杯为客人斟倒至 1/2，并报出辅料名称。

4）服务调酒棒。

5）在酒杯右上方铺放另一杯垫，并将辅料公杯放在上面。

6）注意事项

①不可以将辅料全部倒入烈酒中。

②倒酒速度要快，不可滴洒。

（2）鸡尾酒的服务

1）用托盘取回烈酒及辅料，准备适量杯垫。依据先宾后主、先女后男的原则为客人服务。

2）提供服务时，服务员站在客人右侧，左手托托盘，右手先将杯垫摆放在客人餐盘的右上方，将鸡尾酒杯放在上面，并报出鸡尾酒名称。

3）注意事项

①端酒时，需持酒杯底部或杯脚部分，以免手的温度破坏酒水口感。

②外部温度高，杯壁出现冷凝水时，要给客人提供纸巾包住杯子。

【思考与练习】

1. 旅游的定义？
2. 旅游的六要素是什么？
3. 简述不同国家、地区的旅游淡旺季与季节的关系。
4. 宾客服务的流程是什么？
5. 简述不同的酒水饮料的服务程序。
6. 在对宾客的服务中如何灵活地使用敬语？
7. 在对宾客的服务中如何使用标准的服务礼仪？
8. 如何在保证优质的宾客服务的同时，提高酒水销售的利润？
9. 如何保证酒水服务的效率？
10. 在保证酒水服务效率的同时，如何保证酒水出品质量？

第3章 酒吧盘点

盘点在酒吧经营中具有极其重要的作用，通过盘点可以有效地了解酒吧的经营状况，从而统计出经营成本，更是制订经营计划，降低成本的依据。本章节的重点在于学习各种盘点表格的使用。

第1节 饮料盘点

本节详细讲述了酒吧盘点的知识，并对日、月和年盘点进行了分别介绍，在学习过程中需要特别注意日、月和年盘点的区别。

学习单元1 酒吧盘点的知识

学习目标

- 了解酒吧盘点的定义、目的及作用
- 掌握酒吧盘点的方式、种类和盘点表格的使用方法

知识要求

一、酒吧盘点的定义

盘点是各行各业在管理工作中非常重要的工作环节之一，是对财务工作进行科学化、标准化、统一化的管理方法之一。

酒吧盘点，是指定期或临时对库存饮料及物品的实际数量进行清查、清点的作业。

二、酒吧盘点的目的

1. 便于掌握货品信息

为了便于酒吧管理人员掌握所辖库房内所有货品相关信息以及出入库的情况。

2. 有利于避免疏漏

为了避免账货不符，以及因人为原因造成的货品损坏和丢失。

三、酒吧盘点的作用

1. 提供货品信息

酒吧盘点数据可以为经营管理者提供有重要参考价值的货品信息。如目前货品库存的实际数量，库存货品的总价值，以及畅销货品和滞销货品的相关情况等，以便经营管理者对下一步的管理和运营工作做出相应的计划和安排。

2. 了解经营状况

便于经营管理者根据盘点数据了解酒吧盘点周期内的经营盈亏状况。

3. 便于整理

发掘并清除滞销品、临近过期商品，整理环境，清除死角。

四、酒吧盘点的方式

常见的酒吧盘点分别为手工盘点、扫描盘点。

1. 手工盘点

主要由相关管理人员对所辖库房内所有货品的各项内容以及相关的数据进行清查、清点，并如实做好手工记录。如所有商品的编码、名称以及各种库存数据等。

2. 扫描盘点

主要由相关管理人员利用数据采集器以及相关的数据设备对货品进行相应的数

据扫描、记录、统计、计算与清点。

此类盘点多在大型总库房使用，酒吧盘点多以手工盘点为主。

五、酒吧盘点的种类

1. 按照时间可分为

（1）周期性盘点

周期性盘点又称定期盘点，即以固定的时间段为一个周期对所辖仓库内的各种货品进行清点。通常盘点周期以日、周、月、年为单位。

（2）临时盘点

临时盘点是因工作交接或需掌握库房货品数据信息所采取的临时性库房货品的数据采集工作。

2. 按照餐饮行业的货品类别可分为

（1）食品、饮品盘点

食品、饮品盘点是指专门针对所有食品、饮品的盘点。

（2）物品盘点

物品盘点是指专门针对所有物品的盘点。

3. 按照管理性质可分为

（1）日常交接检查盘点

日常交接检查盘点指的是在日常工作的交接班时和检查时针对确保货品记录的有效真实性进行的盘点。如营业前后的盘点，或者换班时的盘点。

（2）经营统计的盘点

经营统计的盘点一般指的是为了企业的顺利经营，便于经营管理者掌握货品的畅销和滞销的实时状态而进行的盘点。通常的日盘点、月盘点和年盘点都属于此类范畴。

4. 按照盘点的规模可分为

（1）整体盘点

整体盘点是指将库存内的所有货品全部进行清点和统计。

（2）局部盘点

局部盘点是指根据管理者的需要或工作的需要专对库房内的某种货品或某些货品进行的清点与统计。

六、盘点表格

盘点表格是指为了统计库存货品的种类，核实出入库情况以及统计货品实际存余数量而设计的一种用来记录统计和清点数据的专用表格。在盘点工作中，盘点负责人要切实按照表格的使用方法、要求、信息提示和格式要求进行规范的填写，不得混淆或有疏忽。

1. 盘点表格的要素

盘点表格上的内容应包括货品的编号、名称、库存数量、进货数量、出货数量、剩余数量等项目，同时还应该有盘点的时间，盘点人和负责人的签名栏。以上项目都是盘点表格必不可少的项目，这些数据可以直观地反映出库房进出物品的状况。

2. 盘点表格的使用标准

（1）盘点表完整无损

盘点表完整无损是指盘点工作结束时盘点表要完好无损。否则很可能会因为缺损部分，造成盘点所采集的相关项目内容和数据的丢失，给后期工作带来很大不便。

（2）盘点表干净整洁

盘点表格要求干净整洁，不得有污渍和更正时的划痕。如需更正应在原有的错误数字上画一个“×”形符号即可，请不要将原错误数据完全覆盖，以备财务知晓和查询。

（3）无内容处的填写规范

在填写盘点表时不能出现空格，如果出现空格，需要用符号“/”标记清楚，表示此格中无填写内容。

学习单元 2　酒吧常见各类盘点

学习目标

- 了解酒吧饮料日、月、年盘点的概念和意义
- 掌握酒吧饮料日、月、年盘点表格的使用方法
- 能进行酒吧饮料的日、月、年盘点

一、酒吧日盘点

1. 日盘点的概念及意义

日盘点是指对以日为单位备存商品的实际数量进行清查、清点的作业，即为了掌握货物的流动情况（库存、入库、出库的流动状况），对仓库现有物品的实际数量与保管账上记录的数量相核对，以便准确地掌握库存数量。

坚持每日盘点可以明确酒吧责任人制度，严格控制酒水、物品进出账目，有效地控制酒吧经营成本。

2. 日盘点的表格（见表3—1）

表3—1 日盘点表

日期： 年 月 日

货品编号	货品名称	规定库存	开吧库存	进货数量	出货数量	关吧库存	备注
0000001	可乐						
0000002	雪碧						
0000003	椰汁						

检查人：__________ 盘点人：________

（1）日期

日期是指盘点当日的日期。

（2）货品编号

货品编号，就是将货品按其分类内容，加以有次序地编排，用简明的文字、符号或数字代替货品的“名称”“类别”及其他有关信息的一种方式。

货品经过有秩序的编号后，对作业或管理效率的提高、服务的标准化具有重要作用，在月盘点、年盘点中同样发挥着重要的作用。其功能如下：

1）增加货品资料的正确性。

2）查核管制方便。

3）提高货品活动的工作效率，且便于信息的联系传递。

4）可以利用计算机处理分析。

5）可以节省人力、减少开支、降低成本。

6）便于收、发货品。

7）因记录正确可迅速按次序储存或提取货品，一目了然，减少弊端。

8）消减存货。一旦有了统一编号，可以防止重复订购相同的对象，且储存及盘点作业将更易于进行，对控制存货有很多帮助。

9）利用编号代码来表示各种货品，可防止公司机密外泄。

（3）货品名称

货品名称是指相应货品的名称。

（4）规定（标准）库存量

规定（标准）库存量是指根据酒吧营业状况，制定的每种货品常规备货量。常规备货量通常由酒吧经理或财务部制定，其他人不得随意更改。

（5）开吧库存

开吧库存是指开吧时，酒吧每种货品的库存数量。它应该等同于前一班次关吧时余存数量。

（6）进货数量

进货数量通常是指当日内，从市场上采购或从财务库房的提货量。

一些酒店会有几个甚至十几个酒吧，社会也有很多酒吧是连锁经营形式，为避免整体过多存货，货物有可能从其他酒吧调入。

进货数量＝采购数量＋提货数量＋转入数量

（7）出货数量

出货数量通常是指前日盘点后直至当日盘点时，各种货品销售的数量。

一些酒店会有几个甚至十几个酒吧，社会也有很多酒吧是连锁经营形式，为避免整体过多存货，货物有可能从本酒吧调出。

出货数量＝销售数量＋转出数量

（8）关吧库存

关吧库存是指酒吧营业结束时，酒吧中的货物数量。

盘点时应当停止货物的进、出，以免相互干扰，从而保证盘点工作的准确与严谨。

（9）备注

备注是用来当货品数量出现偏差时，如“损坏或退货”时需要在“备注”一栏中进行注明。

（10）盘点人

盘点人是指当日负责盘点库房货品的负责人。在盘点完后，盘点人需要在“盘点人”一栏中亲笔签名以表对盘点结果认可有效。

（11）检查人

检查人是指当日负责检查库房盘点工作的负责人。在盘点工作结束后。或在盘点过程中，检查人要对盘点工作进行检查和监督，确保盘点数据真实有效。检查完毕后要在“检查人”一栏处亲笔签名，以表对盘点结果认可有效。

盘点人和检查人都需对当日盘点数据负责，既保证盘点的严谨，也起到相互监督的作用。

3. 永续盘点及表格

很多酒吧使用以周为单位的永续盘点表来记录日盘点，即在一个表格中可以详细体现以周为单位的每日盘点状况，以便资料的留存和操作的便捷。

二、酒吧月盘点

1. 月盘点的概念及意义

是指以月为单位对酒吧库存商品的实际数量进行清查、清点的作业，即为了掌握货物的流动情况（入库、库存、出库的流动状况），对酒吧仓库现有物品的实际数量与保管账上记录的数量相核对，以便准确地掌握酒吧库存数量。

月盘点可以详细统计出当月的进货、出货及存货状况，为年度成本核算提供信息保障。

2. 月盘点的表格（见表3—2）

表3—2　　月盘点表格

日期：　　年　　月　　日

货品编号	货品名称	上月剩余	本月进货	本月出货	本月剩余	备注
0000001	可乐					
0000002	雪碧					
0000003	椰汁					
0000004						
0000005						

盘点人：________　　检查人：________

（1）日期

日期是指盘点当日的日期。酒吧的月盘点日期是要配合财务工作进行的，月盘点日期可以选择月初、月中、月末，多以30天为一周期，以方便统计。要尽量避免较忙的时间。

（2）货品编号

货品编号与日盘点编号相同。在一个酒吧，甚至连锁酒吧，每种货物编号必须是唯一的。

（3）货品名称

货品名称是指相应货品的名称。

（4）上月剩余

上月剩余指上个月盘点时，酒吧库内所有货品的数量。

（5）本月进货

本月进货指上个月盘点后直至本月盘点时，酒吧库内每种货品的进货数量。它包括本月采购、提货、转入货量。

本月进货＝本月采购＋本月提货＋转入货量

（6）本月出货

本月出货指上个月盘点后直至本月盘点时，酒吧库内每种货品的出货数量。它包括本月销售、转出数量。

本月出货＝本月销售＋转出数量

（7）本月剩余

本月剩余是指本月盘点时酒吧各种货品的剩余数量。

（8）备注

备注是用来将统计本月货品出现偏差、报损或退货的总数量，在“备注”一栏中注明。

（9）盘点人

盘点人是指本月负责月末盘点库房货品的负责人。盘点人在盘点完后需要在“盘点人”一栏中亲笔签名以表示对盘点结果认可有效。

（10）检查人

检查人是指负责检查月末库房盘点工作的负责人。检查人在盘点工作结束后或在盘点过程中要对盘点工作进行检查和监督，以确保盘点数据真实有效。检查完毕后要在“检查人”一栏处亲笔签名，以表示对盘点结果认可有效。

三、酒吧年盘点

1. 年盘点的概念及意义

年盘点是指以年为单位对库存商品的实际数量进行清查、清点的作业，即为了掌握货物的流动情况（入库、库存、出库的流动状况），对仓库现有物品的实际数量与保管账上记录的数量相核对，以便准确地掌握库存数量。

年盘点的意义在于统计核算酒吧全年成本及利润，并可根据年盘点统计结果控制下一年度采购量，以节约成本。

年盘点多数选择在年底。也可根据具体情况选择年初、年中等时间。通常以 365 天为一周期。

2. 年盘点的表格（见表 3—3）

表 3—3　　　　年盘点表格

日期：　　年　　月　　日

货品编号	货品名称	去年剩余	本年进货	本年出货	本年剩余	备注

盘点人：________　　检查人：________

（1）日期

日期是指盘点当日的日期。年盘点通常是在年底进行，为了配合财务部门年度审计核算工作进行。

（2）货品编号

货品编号与日盘点编号相同。在一个酒吧，甚至连锁酒吧，每种货物编号必须是唯一的。

（3）货品名称

货品名称是指相应货品的名称。

（4）去年剩余

去年剩余指去年年度盘点时，库内所有货品的数量。

（5）本年进货

本年进货指去年年度盘点后直至今年年度盘点时，库内每种货品的进货总量，包括本年度采购、提货量及转入量。

本年进货＝本年度采购＋提货量＋转入货量

（6）本年出货

本年出货指去年年度盘点后直至今年年度盘点时，库内每种货品的出货总量。

本年出货＝本年度销售数量＋转出货量

（7）本年剩余

本年剩余指在此次年度盘点时，酒吧库房每种货品的数量。

(8) 备注

备注是指统计出的本年货品出现偏差、报损或退货的总数量，在“备注”一栏中注明。

(9) 盘点人

盘点人是指本年负责年末盘点库房货品的负责人。盘点人在盘点完成后须在“盘点人”一栏中亲笔签名以表示对盘点结果认可有效。

(10) 检查人

检查人是指负责检查年末库房盘点工作的负责人。检查人在盘点工作结束后或在盘点过程中要对盘点工作进行检查和监督确保盘点数据真实有效。检查完毕后要在“检查人”一栏处亲笔签名，以表示对盘点结果认可有效。

技能要求

一、酒吧日盘点

1. 操作准备

盘点是一项非常具体而又非常细致的工作，在盘点之前需要做好充分的准备和前期工作。内容如下：

酒吧日盘点表（见表 3—4）

表 3—4　　**酒吧日盘点表**

日期：　　年　　月　　日

货品编号	货品名称	规定库存	开吧库存	进货数量	出货数量	关吧库存	备注
0000001	可乐						
0000002	雪碧						
0000003	椰汁						

检查人：________　　盘点人：________

(1) 填写正式盘点表和签字时必须用签字笔或钢笔，不能用铅笔填写。

(2) 在盘点时，利用计算器进行货品的数量、重量以及相关的运算和换算，减少人工脑力换算，也在很大幅度上降低了计算错误的出现。

(3) 相关单据是指与盘点相关的数据记录单据，比如出货单据、入货单据等，必备随时查询。

(4) 货品报损箱放在一个固定的地方，专门盛放报损的货品或物品。

(5) 便携式 A 字形安全梯架便于盘点人员登高查看货架高处的货品或者可临时摆放少量货品。

（6）盘点告知挂牌在盘点时挂在门上，以告知他人盘点开始请勿打扰。

（7）计量单位换算表为的是在盘点过程中实际货品的规格单位和盘点表所示的货品的相关盘点单位不一致，这时就需要单位换算。为了确保换算无误，可将此表作为参照标准并使用计算器进行换算，确保数据的准确无误。

2. 操作步骤

（1）制定盘点时间

日盘点的时间是根据酒吧运营时间而制定的，通常在两个时间段进行，具体时间安排如下：

1）开吧之前盘点。开吧之前盘点是在酒吧正式开始营业之前，通过盘点以检查和确认前一天的“剩余数量”是否与当日开吧前的“原有数量”相符。

2）关吧之后盘点。在酒吧关闭之后盘点，是为了确定酒吧销售货品数量和销售额相符。

（2）整理库房

1）盘点人员在盘点开始前要对库房进行简单的清理和规整，以便盘点的顺利进行。

2）盘点工作正式开始前5分钟，检查人员检查盘点准备工作是否就绪，检查无误之后将“盘点进行中”的盘点告知挂牌挂在库门外侧，并将库门关上，再将酒吧库门从里面锁上，以防止盘点过程中有人进入，影响盘点工作的正常进行。

（3）整理单据

1）开吧之前盘点。首先填写盘点日期，将各种货品盘点数填入开吧库存一栏（见表3—5）。

表3—5　　酒吧日盘点样表

日期：　　年　　月　　日

货品编号	货品名称	规定库存	开吧库存	进货数量	出货数量	关吧库存	备注
0000001	可乐	24听	24听				
0000002	雪碧	24听	10听				
0000003	椰汁	24听	2听				

检查人：__________　　盘点人：__________

2）关吧盘点。将当日的“进货单据”和“出货单据”进行分类整理和分类统计。并将当日每种货品的进货数量和出货数量的总数分别写在“进货数量”和“出货数量”一栏（见表3—6）。

表 3—6 **酒吧日盘点样表**

日期： 年 月 日

货品编号	货品名称	规定库存	开吧库存	进货数量	出货数量	关吧库存	备注
0000001	可乐	24 听	24 听	0 听	12 听		
0000002	雪碧	24 听	10 听	24 听	21 听		
0000003	椰汁	24 听	2 听	24 听	18 听		

检查人：________ 盘点人：______

（4）清点库存

1）制定盘点顺序。要按照从里到外、从上到下、从左到右的顺序进行盘点。

①从里到外的原因。贵重的酒水或者是贵重的货品出于安全考虑一般都放在库房的最里侧，这样不但在很大程度上避免了因提货时人员频繁来往行走可能会不慎磕碰剐到贵重酒水或货品导致损坏的危险，而且还尽可能地避免了人为造成的货品丢失。在盘点时首先要将贵重酒水货品进行盘点，并如实记录在册。这样在很大程度上避免了贵重酒水或货品的漏盘。

②从上到下的原因。货架上的货品都是按种类逐个呈“一”字形摆放，目的是方便查找同时也方便取用。在盘点时首先要从货架顶层按照从左到右的货品摆放顺序进行盘点，有时顶层的货品因平时可能会很少触及很有可能在盘点时被忽略，所以必须要先盘点顶层货品，这样的逐行扫描般的“地毯式盘点”最重要的是防止漏盘货品。查看或盘点货架顶层的货品时需要借助便携式 A 字形安全梯架登高查看。顶层盘点完毕后，再按照这个顺序盘点顶层之下的第二层，依次类推逐步推进盘点，确保了不会漏盘货品，保证了盘点的全面性。

2）酒水盘点的注意事项

①首先要检查货品的有效性。即货品包装和密封是否完好，货品是否在保质期以内，货品有无异常现象。如包装严重变形、漏撒外溢、有异味等，一旦发现，马上将“问题货品”捡出放到“货品报损箱”中，并及时上报在场负责人待后处理。

②要识别所盘酒水的编号、名称、品牌、类别、规格等相关信息。

③以实际货品真实准确的信息为准，查找盘点表上与其完全相吻合对应的盘点项目栏并填写。

a. 这样做的目的是：为了防止盘点表因某种原因未及时更新或更正而导致的货品种类以及相关信息不全或缺少的现象发生，由此可能导致货品被漏盘、误盘或错盘。

b. 用实际货品信息对照盘点表，即检查核对了盘点表上的相关信息是否齐全一致，又保证了盘点的正确性和全面性。

c. 如果没在盘点表上查找到与实际货品信息完全相吻合的盘点项目栏，请先向负责盘点督导或检查人进行如实的报告，之后将盘点表上缺少的货品信息盘点栏按照盘点表的制表顺序和内容额外添加在盘点表的空白明显处，以便向盘点检查人或财务部门进行明示。

d. 按照实际货品的相关信息在盘点表上找到相应的信息栏后，再将实际货品的实际数量填写在相应的项目栏内。即“剩余量”一栏。

④在填写实际剩余数量时必须要注意盘点表上所示此货品的盘点规格单位，必须要换算清楚。比如每一整箱货品包含多少个单位货品、1 kg＝1 000 g、1 L＝1 000 mL，等等。诸如此类的换算在盘点时要特别注意，建议使用计量单位换算表作为参照并用计算器进行计算、换算以及检查。

⑤盘点货品时，凡是遇有“报损货品”或“问题货品”有待处理的，都要将其额外的标注在相应的“备注”一栏中，不要把这些货品列入实际的“剩余量”中。因为这些货品是属于无效货品，也就是不能使用的货品。

⑥填写完每个单个货品所有项目内容后，要再次对此货品的相关信息和实际数量与盘点表所示信息和填写数量进行仔细核对，确保无误。

（5）检查核对

盘点时，每盘点完一种货品都要保证其正确无误，这样不但加深了盘点印象，而且还确保了盘点质量和正确率。

如在盘点过程中出现盘点表信息模糊不清或存在其他自身错误时，请及时向检查负责人提出或在此项目栏“备注”一栏做出明显的示意性标记，如“?”，待盘点结束时再统一向负责检查人指出并询问，以便确认和解决（见表 3—7）。

表 3—7　　检查核对酒吧日盘点样表

日期：　　年　　月　　日

货品编号	货品名称	规定库存	开吧库存	进货数量	出货数量	关吧库存	备注
0000001	可乐	24 听	24 听	0 听	12 听	10 听	?
0000002	雪碧	24 听	10 听	24 听	21 听	13 听	
0000003	椰汁	24 听	2 听	24 听	18 听	8 听	

检查人：________　　盘点人：________

（6）进行货品数据核算

原有数量＋进货数量－出货数量－报损数量＝剩余量

进行货品数据核算是为了检查货品出入和剩余是否与实际盘点计算统计吻合相

符。如不能吻合相符，就肯定是在统计环节或其他某一环节上出现错误或失误，也要在“备注”一栏做上“×”标记，表示此项货品数据有误，有待后查。

以上六个步骤的盘点方法以及相关的统计计算方法适用于各个周期性的全部或局部库存盘点工作。

（7）盘点人、检查人签名确认

当盘点完成后，盘点人应将盘点中的问题如实标注统计并上报相关负责人，并在盘点表下面的“盘点人”一栏中用签字笔签名确认，以备记录或查询。

“检查人”即盘点工作的检查负责人，在对盘点数据进行检查或抽查后，确认真实有效无误后方可在“检查人”一栏，用签字笔签名确认，以备记录或查询。

（8）盘点后库房整理

整个盘点工作结束后，盘点人员要将库房略作清理和规整，将库房窗户和隔断门全部关好锁牢，并查看所有货品，确认摆放平稳安全，检查无误后再关灯断电，两人一同离开库房，并将库房大门锁好，将钥匙一同交到部门办公室或保卫部登记后再离开。这样做的目的是确保库房及货品安全。

（9）盘点表格处理

盘点表需要再复印 1 份。盘点表原件由“检查负责人”上交财务或相关上级部门留底备案，另一份复印件交由库管员放入专用的账册留底备份。

二、酒吧月盘点

1. 操作准备

（1）酒吧月盘点表（见表 3—8）

表 3—8　　**酒吧月盘点表**

日期：　　年　　月　　日

货品编号	货品名称	上月剩余	本月进货	本月出货	本月剩余	备注
0000001	可乐					
0000002	雪碧					
0000003	椰汁					

盘点人：________　　检查人：________

（2）其他盘点用具

请参照日盘点操作的物品准备。

2. 操作步骤

（1）制定盘点时间

1）确定月盘点日期范围。例如，盘点自2012年8月1日起至2012年8月31日止。

2）在“月盘点日”的前一周要通知各相关部门班组月盘点准确日期，并告知月盘点当日全天不能提货，以便各个部门班组有充足的时间合理安排备货。

例，库房将于2012年8月31日全天进行“月度盘点”，故当天库房暂时停止进出货一天，请各部门班组提前备货，以备不时之需。9月1日起库房照常运营。

（2）整理库房

库房整理请参照日盘点方法。

（3）整理单据

盘点前，需先将本月每日进、出货单据整理整齐。

1）上月库存余额是将上月月末余货量填入表格中（见表3—9）。

表3—9　　酒吧月盘点表

日期：　年　月　日

货品编号	货品名称	上月剩余	本月进货	本月出货	本月剩余	备注
0000001	可乐	140听				
0000002	雪碧	52听				
0000003	椰汁	21听				

盘点人：________　检查人：________

2）当月进货总数的统计

①先将本月所有的进货单据按照日期的先后顺序整理好。

②按照进货单，将各种货品按类统计数量，并将总数填写在月盘点表的“本月进货”一栏（见表3—10）。

表3—10　　酒吧月盘点表

日期：　年　月　日

货品编号	货品名称	上月剩余	本月进货	本月出货	本月剩余	备注
0000001	可乐	140听	720听			
0000002	雪碧	52听	840听			
0000003	椰汁	21听	600听			

盘点人：________　检查人：________

3）本月出货总数的统计

①将本月所有的出货单据，即各部门班组交给库房的有效提货单据按照日期的先后顺序整理好。

②按照出货单，将各种货品按类统计数量，并将总数填写在月盘点表的“本月出货”一栏（见表 3—11）。

表 3—11　　酒吧月盘点表

日期：　　年　　月　　日

货品编号	货品名称	上月剩余	本月进货	本月出货	本月剩余	备注
0000001	可乐	140 听	720 听	701 听		
0000002	雪碧	52 听	840 听	860 听		?
0000003	椰汁	21 听	600 听	598 听		
0000004						
0000005						

盘点人：________　　检查人：________

（4）清点库存

具体步骤和注意事项参照日盘点中该步骤，并将盘点剩余库存数填入本月剩余一栏。

（5）进行货品数据核算

盘点完成后要进行货品数据核算。

上月剩余＋本月进货－本月出货＝本月剩余量

（6）检查核对

每盘点完一种货品都要保证其正确无误，这样不但加深了盘点印象而且还确保了盘点质量和正确率。

如在盘点过程中出现盘点表信息模糊不清或存在自身其他错误时，请及时向检查负责人提出或在此项目栏“备注”一栏做上明显的示意性标记，如“?”，待盘点结束时再统一向检查负责人指出并询问，以便确认和解决（见表 3—12）。

表 3—12　　检查核对酒吧月盘点表

日期：　　年　　月　　日

货品编号	货品名称	上月剩余	本月进货	本月出货	本月剩余	备注
0000001	可乐	140 听	720 听	701 听	159 听	√√
0000002	雪碧	52 听	840 听	860 听	30 听	?

续表

货品编号	货品名称	上月剩余	本月进货	本月出货	本月剩余	备注
0000003	椰汁	21 听	600 听	598 听	23 听	√
0000004						
0000005						

盘点人：__________　检查人：________

每月的月度盘点中报损和退货的货品种类以及相关数据也要一同在盘点表的“备注”一栏上显示出来，以备财务部门进行再次统计核实。最后再将本月月度盘点的实际库存数据如实填写在下月月度盘点表中的“上月剩余”一栏，以备次月的月度盘点所用。

（7）盘点人、检查人签名确认

（8）盘点后库房整理

（9）盘点表格处理

盘点表需要再复印 1 份。盘点表原件由“检查负责人”上交财务或相关上级部门留底备案，另一份复印件交由库管员放入专用的账册留底备份。

三、酒吧年度盘点

1. 操作准备

（1）酒吧年度盘点表（见表 3—13）

表 3—13　　酒吧年度盘点表

日期：　　年　　月　　日

货品编号	货品名称	年初开吧	本年进货	本年出货	年末收吧	备注
0000001	可乐					
0000002	雪碧					
0000003	椰汁					
0000004						
0000005						

检查人：________　盘点人：________

（2）其他盘点用具

请参照日盘点操作中的物品准备。

2. 操作步骤

（1）制定盘点时间

年度盘点前一周通知各个班组部门年度盘点的日期，请提前做好相关准备。

（2）整理库房

库房整理请参照日盘点方法。

（3）整理单据

1）去年剩余量统计。从财务部或库房存档中调集去年年度盘点中记录的“年底剩余”数量，并填写在本年度的盘点表的“年初开吧”一栏（见表 3—14）。

表 3—14　　　　酒吧年度盘点表格

日期：　　年　　月　　日

货品编号	货品名称	年初开吧	本年进货	本年出货	年末收吧	备注
0000001	可乐	123 听				
0000002	雪碧	56 听				
0000003	椰汁	88 听				
0000004						
0000005						

检查人：________　　盘点人：________

2）进货数量数据统计。将去年年度盘点后，第一个月至此次盘点前各种货品的“进货数量”统计并相加，计算出每种货品全年的进货总量，填写在年度盘点表中的“本年进货”一栏中（见表 3—15）。

表 3—15　　　　酒吧年度盘点表格

日期：　　年　　月　　日

货品编号	货品名称	年初开吧	本年进货	本年出货	年末收吧	备注
0000001	可口可乐	123 听	4 655 听			
0000002	雪碧汽水	56 听	5 475 听			
0000003	椰树椰汁	88 听	4 580 听			
0000004						
0000005						

检查人：________　　盘点人：________

3）本年出货是通过各种货品本年度月销售报表，计算出本年度销售量，并计入表格中（见表 3—16）。

表 3—16　　　　酒吧年度盘点表格

日期：　年　月　日

货品编号	货品名称	年初开吧	本年进货	本年出货	年末收吧	备注
0000001	可口可乐	123 听	4 655 听	4 708 听		
0000002	雪碧汽水	56 听	5 475 听	5 520 听		
0000003	椰树椰汁	88 听	4 580 听	4 656 听		
0000004						
0000005						

检查人：________　　盘点人：________

（4）清点酒吧库存

具体步骤和注意事项参照日盘点中该步骤，将盘点结果记入表格（见表3—17）。

表 3—17　　　　酒吧年度盘点表格

日期：____年____月____日

货品编号	货品名称	年初开吧	本年进货	本年出货	年末收吧	备注
0000001	可口可乐	123 听	4 655 听	4 708 听	70 听	
0000002	雪碧汽水	56 听	5 475 听	5 520 听	11 听	
0000003	椰树椰汁	88 听	4 580 听	4 656 听	12 听	
0000004						
0000005						

检查人：________　　盘点人：________

（5）检查核对酒吧年度盘点表格

每盘点完一种货品都要保证其正确无误，这样不但加深了盘点印象而且还确保了盘点质量和正确率。

如在盘点过程中出现盘点表信息模糊不清或存在其他自身错误时请及时向检查负责人提出或在此项目栏“备注”一栏做上明显的示意性标记，如“?”，待盘点结束时再统一向检查负责人指出并询问，以便确认和解决。

（6）货品数据核算

盘点完成后要进行货品数据核算，具体核算公式如下：

去年剩余＋本年进货－本年出货－备注的报损、缺失数量＝年底剩余量

酒吧年度盘点表格见表 3—18。

表 3—18　　酒吧年度盘点表格

日期：　　年　　月　　日

货品编号	货品名称	年初开吧	本年进货	本年出货	年末收吧	备注
0000001	可口可乐	123 听	4 655 听	4 708 听	70 听	√
0000002	雪碧汽水	56 听	5 475 听	5 520 听	11 听	√
0000003	椰树椰汁	88 听	4 580 听	4 656 听	12 听	√
0000004						
0000005						

检查人：________　　盘点人：________

将当年的“年底剩余”数据抄写在次年的年度盘点表的“年初开吧”一栏中以备可为次年年底盘点时所用。

(7) 盘点人、检查人签名确认

盘点完成后要进行检查和确认，各项数据无误后，盘点人和负责检查监督的“检查人”需要在盘点表相应的位置进行签字确认。

(8) 盘点后库房整理

(9) 盘点表格处理

盘点表需要再复印 1 份。盘点表原件由“检查负责人”上交财务或相关上级部门留底备案，另一份复印件交由库管员放入专用的账册留底备份。

第 2 节　酒吧营业中饮料补充

在酒吧营业过程中出现了饮料临时紧缺的情况时，应采取有效的应对方案或措施来补充饮料，以保证酒吧营业中的饮品工常售出。

在酒吧经营过程中要随时关注各种饮料的售出情况，特别是某种或某些饮料销售得较好时，一定要随时检查库存，预估饮料缺少情况。

学习目标

- 掌握酒吧营业中饮料的补充方法
- 能根据不同情况选择不同的方法进行饮料补充

知识要求

酒吧营业中饮料的补充方法

酒吧在营业过程中经常会出现某种饮品销售超出常备酒水库存，或因有临时增加的活动导致某些货品库存量不足。这时酒吧需要对货品进行及时补充，以保证营业需要，同时注意控制成本。

1. 酒水调拨

酒水调拨通常发生在同酒店或同系统内部。酒水调拨可以以转账、归还等方式平账。这样既可以解决货品急需，又可以避免货品过多采购造成的资金占用。

内部酒水调拨为应急补货的首选方案，原因是：第一，方便快捷；第二，手续简便；第三，饮料的品牌、规格的统一性以及质量等方面有所保证。

当然此方法也适用于社会酒吧，但酒吧之间信誉必须牢靠，双方在借货、还货时必须认真验货，并签署凭证。

2. 从酒店库房提取

从酒店库房提取是指在酒吧营业过程中因某种原因出现酒水临时性紧缺，并一时无法从内部餐厅或店内其他酒吧进行内部酒水调拨时，可及时上报相关部门以及负责人，经批准从上级财务库房进行临时提货，以补充酒吧饮料的方法。

从酒店库房进行临时提取饮料为次选方案。原因是酒吧的经营时间比较长，通常库房人员早已下班，如需要再从库房中提货时，中间的手续比较多，需要报知各相关部门给予批准和配合才能从库房中提取出酒吧所急需的饮品，这样做也比较费时。

3. 紧急采购

在酒吧经营过程中，酒水出现临时紧急短缺，内部酒水调拨方案和库房提取方案均无法实施时，可进行紧急采购。

紧急采购是指临时从酒店以外的正规供货渠道进行临时性的货品采购，以补充酒吧临时所需。这种方案仅限于在非常情况下使用，但应在第一时间向上级汇报，经批准后方可执行。

4. 酒吧饮料补充中不同方法所使用的表格及使用方法

（1）酒水调拨时使用的单据

酒吧转账单是用来做班组或部门之间的货品成本转账的一种单据，在酒水调拨时使用此单据（见表 3—19）。

表 3—19 **酒吧转账单**

<table>
<tr><td colspan="6">酒吧转账单
INTER－BAR TRANSFER　　NO：0000001
FROM：
货品拨出方：行 政 酒 廊
TO：　　DATE：
货品转入方：大 堂 酒 吧　　日期：××××年××月××日星期×</td></tr>
<tr><td>QTY
数量</td><td>UNIT
单位</td><td>DESCRIPTION
品　名</td><td>ISSUED
发货量</td><td>UNIT COST
单　价</td><td>EXTENSION
总金额</td></tr>
<tr><td>壹拾伍</td><td>听</td><td>可口可乐 330 mL</td><td>壹拾伍</td><td></td><td></td></tr>
<tr><td>贰拾</td><td>听</td><td>雪碧汽水 330 mL</td><td>贰拾</td><td></td><td></td></tr>
<tr><td>叁拾</td><td>瓶</td><td>喜力汽酒 330 mL</td><td>叁拾</td><td></td><td></td></tr>
<tr><td>壹</td><td>瓶</td><td>龙徽干红 750 mL</td><td>壹</td><td></td><td></td></tr>
<tr><td>\</td><td>\</td><td>\</td><td>\</td><td></td><td></td></tr>
<tr><td colspan="4"></td><td colspan="2">TOTAL 总金额：</td></tr>
<tr><td colspan="6">×××　　×××　　××
ISSUED BY　　RECEIVED BY　　APPROVED BY
发货人（签名）　　收货人（签名）　　批准人（签名）
第一联：财务部保留　　第二联：收货方保留　　第三联：发货方保留</td></tr>
</table>

1）货品拨出方。指的是货品的来源方。表 3—19 中显示货品的拨出方是行政酒廊，这代表着货品是从行政酒廊发出的。

2）货品转入方。指的是货品的接收方。表 3—19 中显示货品的接收方是大堂酒吧。

3）日期。指的是填写酒吧转账单的日期。

4）数量。指的是所需调动饮料的数量，填写饮料或货品的数量时，为了严谨和容易清晰地辨别数量，要用财务常用的中文大写数字，而不是阿拉伯数字。

5）单位。指的是酒水个体单位。

6）品名。指的是酒水的名称，为了更加详细，还需要再附上酒水的单位规格，以便财务人员更准确地识别货品，并作成本转账。

7）发货量。是指饮料或货品的实际发出量。

8）单价、总金额以及最终总金额。单价、总金额以及最终总金额由财务部的成本核算人员计算填写。

9）发货人签名。指的是发货方的负责人签名，一般是由发货方带班的领班或主管签字，即表中的行政酒廊的负责人签名。

10）收货人。指的是货品的接收方负责人签字，一般是货品接收方的带班领班或主管签字，表示确认收到接收单据上所记录的货品，承认此单据转账的有效性。

11）批准人。一般指的是部门级的主管或经理签字，表示批准进行内部饮料或货品调动。

12）空白部分。如填写完相关内容后，表格下放还有空余单元格，请在每个单元格中划上“\”，表示没有再添加的内容，表格填写完毕。

（2）从酒店库房提取饮料时需要的单据

货品申领单（见表3—20）是用于从库房提取货物时使用的单据。

表3—20　　货品申领单

货品申领单

NO：000002

食品	饮品	其他
	V	

部门：餐饮部　　班组：大堂酒吧　　日期：××××年××月××日

货号	品名	规格	单位	所需量	实发量	单价	货品总价
0001	崂山矿泉水	330 mL	听	柒拾贰	柒拾贰		
0002	可口可乐	330 mL	听	肆拾捌	肆拾捌		
0003	雪碧汽水	330 mL	听	贰拾肆	贰拾肆		
0004	长城干红	330 mL	瓶	壹拾贰	壹拾贰		
0005	苏打水	330 mL	听	贰拾肆	贰拾肆		
0010	白马威士忌	750mL	瓶	叁	叁		
						总计：	

餐厅经理：________　部门经理：________　批准人：________

库 管 员：________　收货人员：________　备　注：________

第一联：财务部　　第二联：库房　　第三联：提货部门

1）领取。先要在货品申领单的货品选项中选择所需提取货品的种类。如：表3—20所示，在选项栏的“饮品”一栏中划了“√”。

2）部门。指的是提货班组所在的部门名称。

3）班组。指的是提货班组的名称。

4）日期。指的是提货当日的日期。

5）货号。每种货品都有专属的唯一的号码，货号通常是由库房管理员根据单据上所罗列的货品以及相关规格等信息进行填写的。

6）品名。是指所需提取饮料或货品的名称。

7）规格。是指填写货品的单位规格。如 330 mL、750 mL 等。

8）单位。填写的是饮料或货品的单位名称，比如听、瓶、袋、桶等。

9）所需量。是指由提货方填写的所需饮品数量。

10）实发量。是指库房方实际发出的饮品或货品数量，此栏应由库房负责人根据所发货品数量如实填写。

11）单价。是指货品进货时的单价，此栏应由财务部成本核算人员填写。

12）货品总价。是指所提某一类货品的总价值，此栏是由财务部成本核算人员在日后核算成本时填写，提货方或库房人员不用填写。

13）总计。是指所提的所有货品的价值总和，此栏是由财务部成本核算人员在日后核算成本时填写，提货方或库房人员不用填写。

（3）紧急采购时需要使用的单据

紧急采购时需要填写采购单（见表 3—21）。

表 3—21　　采　购　单

货品采购单　　NO：000003

部门：餐饮部大堂酒吧　　日期：　年　月　日

品名/规格	数量	货品单价	总金额	供应商	备注
大桶可口可乐 2.0 L/桶	伍桶				
大桶雪碧汽水 2.0 L/桶	叁桶				
长城干红 750 ml/瓶	陆瓶				
		总金额：			

订货人：________　部门主管：________　批准人：________

1）部门名称。填写申请采购货品的部门名称。

2）填写日期。填单的日期。

3）品名/规格。指的是需要采购的货品的品名和货品的单位规格。

4）数量。指的是需要采购货品的数量。

5）货品单价。一般情况下是由采购部的采购人员填写，但是在紧急采购情况下，是由采买当事人凭借购货的清单和购货发票如实填写的。

6）供应商。一般情况下是由采购部的采购人员填写，但是在紧急采购的情况下，是由采买当事人凭借发票和购货清单上的商户名称填写的。

7）备注。填写一些备注事项，比如要求货品何时到货，或者此货品属于紧急采购等。

8）总金额。一般情况下是由采购部的采购人员填写，但是在紧急采购的情况下，是由采买当事人凭借发票和购货清单上的货品单价累计相加计算后填写的。

9）订货人。指的是货品的订货人签字，一般是由酒吧或餐厅的主管或经理签字。

10）部门主管。是此单经由部门审批过后由部门的经理签字确认。

11）批准人。在一般情况下不用签字，但是如遇采购贵重饮品或贵重货品，成本金额极高时，批准人一栏是由酒店的副总经理甚至是总经理亲自签字确认的。

技能要求

1. 操作准备

酒吧调拨单、货品申领单、采购单、笔。

2. 操作步骤

（1）关注紧缺饮料的情况

记录紧缺饮料的名称、规格和剩余量。

（2）向当班领导汇报

报知当班的领班或当班主管，由当班的领班或当班主管根据饮料的销售情况预估饮品的二次备货量。

（3）制订补充饮料的方案

主管或经理会根据饮料的进货渠道和整体销售量决定采取何种方案进行酒水的应急补充。

饮料或货品补充应本着就内不就外、就近不就远的原则进行。根据这个原则可以依次进行以下步骤的操作：

1）内部酒水调动

①首先与对方餐厅或酒吧进行沟通，将己方需求的酒水名称、规格和所需数量告知对方。

②得到对方确认可以将酒水提供给己方时，需要填写酒吧转账单。

③正确填写酒吧转账单的内容。

④表格填写完毕后按照表格最下方所示，将各自的酒吧转账单存联存好，第一联由发货方负责人及时上交财务部门进行成本核算。

⑤按照酒吧转账单所示的相关信息进行内部的饮料调动。

⑥饮料调拨成功后由收货方将货品取回分类存入库房或吧台酒柜处，并将这些饮料记入饮料入货账目内，以备检查。

2）库房提货。酒吧在营业过程中因某种或某些饮料临时紧缺，但又因某种原因无法进行内部调动时，酒吧负责人会采取到库房提货的方式来解决饮料临时短缺的燃眉之急。

①先要确定的确无法从内部进行饮料调拨。

②确定所需饮料是库房的库存货品。

③填写领货单。

④正确填写领货单上的内容。

⑤检查无误后将单子交给餐厅经理或主管审批，认可后在餐厅经理处签字。

⑥餐厅经理签字后，要由部门经理或部门领导在部门经理处签字批准。

餐厅经理或部门经理主管不在的情况下，但又急需从库房提货补充饮料，这时可由带班的领班直接向酒店的大堂经理进行情况汇报，待大堂经理了解情况后可由其代替餐厅经理和部门签字确认。

如提极为贵重的酒品时，还需要副总经理甚至总经理在批准人处签字认可才可提货。

在非常情况下，如相关的负责领导不在，可以通过大堂经理联系酒店的值班经理进行核实签署也可生效。

在一般情况下，库房管理员和提货人员在进行货品收发交接时，应当场对相关货品进行检查核实，确认无误后，库房人员在库管员位置签字，而提货方则在收货人一栏签字。

3）库房人员下班时的提货步骤

①如库房人员已经下班，单据签字齐全时可及时向大堂经理汇报情况。由大堂经理向饭店值班经理报告，经批准后可由大堂经理、保卫部值班员，以及酒吧或餐厅的提货方同行到保卫部领取库房钥匙，领取库房钥匙时，需要由提货方在保卫部的钥匙领取登记本上注明实际原因，并要由提货方、大堂经理、保卫部值班随行人员和钥匙保管人员四方签字后才可领取出库房钥匙。

②提货方、保卫值班员和大堂经理需一同来到库房，由保卫值班员拿钥匙

开门。

③三方同时进入库房后打开照明，关闭库门并反锁库门防止他人进入。

④由大堂经理和保卫人员监督提货方按照提货单提货，由大堂经理对所提货品进行验货核对，核对无误后，由大堂经理在备注处临时代签以示确认。提货方在提货单据签完字后放在库管员的办公桌明显的位置，以便库管员及时看到。

⑤离开时提货方先携带货品走出库房，在库房门口等候。

⑥大堂经理和保卫值班员再关闭照明电源后，一同走出库房并将库门锁好，再进行二次检查，确认无误后三人方可一同离开。

⑦由三方将库房钥匙一同还回保卫部门并做好相关登记后，提货方可携带货品返回酒吧或餐厅。

⑧提货方返回酒吧或餐厅后，需要将货品及时如实地进行登记和入账，以备查询。

⑨登记入账之后，货品才可被使用。

（4）紧急采购

酒吧在营业过程中因某种或某些饮料临时紧缺，又因某种原因无法进行内部调动而库房又无此种货品时，经采购部确认，酒吧负责人会采取紧急外购的方式以解决饮料临时短缺的燃眉之急。

1）发现饮品短缺后应即刻统计种类和所需数量。

2）确认内部调动和库房提货两种方案均无法实施。

3）及时向带班负责人汇报情况。

4）由带班负责人马上填写采购单。

5）由带班负责人将具体情况上报至主管或经理，并由其在采购单上签字同意紧急采购。

6）由经理或主管报告部门领导，请示批准紧急采购。

7）部门经理需先与采购部经理进行沟通，确认紧急采购事项。

8）向采购部经理报知需要紧急采购货品的品牌、名称、规格和采购数量。

9）确认离酒店最近的至少两家正规采购商店。原因是以备出现其中一家断货的现象，其次是货品的质量可以得到最大限度的保障。

10）确认开购物发票的单位名称和其他相关的注意事项。

11）以上事项确认完毕后，将相关信息传达给负责应急采购任务的部门和采购人员，进行紧急采购。

12）负责紧急采购的人员必须按照上级指定的最近正规商场进行货品采购，严禁私自做主随意在其他没有保障的商家进行采购，比如小商铺或小摊贩等处。

不是在正规商家购买的货品，并且没有正规发票的货品都是不能使用的。因为货品质量得不到应有的保障。

13）在采购商品时必须使用现金、信用卡，不可使用购物卡或代金券等，因为购物卡和代金券是无法开发票的。

14）采购货品时，不但要严格按照报请上级批准的货品信息进行采购，而且必须注意仔细检查货品的包装、生产日期和保质期的相关货品信息。

15）购买结束后应在商家开取正式发票并按照上级的相关指示核对单位名称以及实际金额等相关信息。

16）发票开完之后将发票收好，方可携带货品返回酒店。

17）返回酒店后，将所采购的货品情况向带班人如实汇报，做好货品交接，并上交发票。

18）带班人将发票和事先填写并报批好的采购单放在一起，待次日上交部门领导签字补办手续。

19）次日，将写好的采购单交给上级部门领导签字确认。

20）将此单和相关的发票交予采购部负责人并补办采购手续。

21）经由采购部补审批后将采购单交给收货部，并由收货部补开收货凭据，由酒吧或餐厅的使用方签字确认货品已收到（见表 3—22）。

表 3—22　　收货品凭据

收货品凭据　　NO：0000004						
货品名称	货品规格	货品单价	实收数量	货品总额	供应商	备注
大桶可口可乐	2.0 L/桶	×××元	×××桶	×××元	×××	
虎牌扎啤	30 L/桶	×××元	×桶	×××元	×××	
采购人员：________　　验收人员：________ 收货部门：餐　饮　部　　收货班组：大堂酒吧　　收货人员：________						

收货单据中需要收货方填写的虽然只有收货人员签字一栏，但是收货人员在收货时也要注意检查货品是否与订购所需的货品相吻合。

22）需要将货品收货凭据及时带回所属酒吧或所属餐厅进行单据存放。

23）采购部会依据临时紧急采购的发票，将相关款项报请财务部批准后进行实报实销，之后再将所报销的钱款返还给采买人员。

第3节　物品盘点

学习单元1　记录酒吧物品使用状况及库存

学习目标

➢了解酒吧物品盘点的定义、范围、意义和形式

➢掌握酒吧物品盘点表格的使用方法

➢能进行酒吧物品补充

知识要求

一、物品盘点

物品盘点是酒吧管理工作中必不可少的一项重要工作，盘点物品是便于酒吧对自有物品更好地进行管理和使用。

物品盘点通常是以月、季度或年为时间单位，专门针对某一范围、某些种类或某一区域内所有的物品的种类、规格、数量进行清点及相应的统计，账目进行核实对比的工作称之为物品盘点。

二、酒吧中物品盘点的范围

1. 固定资产

固定资产是指企业使用期限超过1年的房屋、建筑物、机器、机械、运输工具，以及其他与生产、经营有关的设备、器具、工具等。不属于生产经营主要设备的物品，单位价值在2 000元以上，并且使用年限超过2年的，也应当作为固定资产。

2. 低值易耗品

低值易耗品是指劳动资料中单位价值在规定限额以下或使用年限比较短（一般

在 1 年以内）的物品。

在酒吧经营中经常会使用到的各种物品，大到各式各样的家具或各种电器设备，小到各种器皿、餐具及杯具、酒具等，这些都是我们在酒店日常工作中能够见到的，它们在工作中起着非常重要的作用。因此为了便于对物品的管理，酒店会将这些物品进行逐一登记并定期进行有针对性的盘点。

一般来说，物品盘点也是根据物品的价格进行有规律的划分，然后进行盘点和管理。盘点物品范围大致包括固定资产盘点和低值易耗物品盘点。

固定资产盘点：主要是指对价值在 2 000 元（含）以上的，并且使用年限超过 2 年的相关物品进行清点和统计。

低值易耗品盘点：主要是指对价值在 2 000 元（不含）以下的，使用年限较短的相关物品进行清点和统计。

三、物品盘点的意义

盘点工作是所有酒店在管理工作中必不可少的一项重要的工作，在酒店里不仅有对食品、饮品的盘点，还有对物品的盘点。

对物品进行盘点的意义在于方便对相关的物品进行管理，以便时时掌握和控制物品的种类、数量和损益情况，并在一定程度上有效地防止物品的丢失和浪费，也便于日常定期对物品进行维护和保养等。

四、物品盘点的形式

物品盘点一般分为三种形式，即月度物品盘点、季度物品盘点和年度物品盘点。

1. 月度盘点

以 1 个月为一个周期单位所进行的盘点，叫做月度盘点。

2. 季度盘点

以 3 个月为一个周期单位所进行的盘点，叫做季度盘点。

3. 年度盘点

以 12 个月为一个周期单位所进行的盘点，叫做年度盘点。

五、物品盘点表

1. 物品盘点表实例

（1）月度物品盘点表（见表 3—23）

表3—23　　　　月度物品盘点表

2013年1月月度物品盘点表　　NO：M010001								
部　门：餐饮部　　班　组：酒　吧　　盘点日期：2013年01月31日								
盘点周期范围：2013年1月1日至2013年1月31日								
物品编号	货品名称	规格类别	单位	上月量	进货	出货	报损	存余
0100001	海波杯	350 mL	只	50	60	5	15	90
0101040	方形口布	45 cm×45 cm	条	20	10	1	1	28
0102080	平底煎锅	30mm	口	30	2		1	31
0203120	咖啡机	全自动	台	2				2
0204001	客用餐桌	1.5 m×1.5 m	张	15	2	1	1	15
盘点人员：________　　监督人员：________　　财务人员：________								
第一联：计划财务部　　第二联：部门或班组　　第三联：管事部存档								

（2）季度物品盘点表（见表3—24）

表3—24　　　　季度物品盘点表

2012年第一季度物品盘点表　　NO：Q010001								
部　门：餐饮部　　班　组：酒　吧　　盘点日期：2013年3月31日								
盘点周期范围：2013年1月1日 至 2013年3月31日								
物品编号	货品名称	规格类别	单位	上季量	进货	出货	报损	存余
0100001	海波杯	350 mL	只	20	60	5	5	70
0101040	方形口布	45 cm×45 cm	条	20	15	3	2	30
0102080	平底煎锅	300 mm	口	22	2		1	23
0203120	咖啡机	全自动	台	2				2
0204001	客用餐桌	1.5 m×1.5 m	张	15	2	1	1	15
盘点人员：______　　监督人员：______　　财务人员：________								
第一联：计划财务部　　第二联：部门或班组　　第三联：管事部存档								

（3）年度物品盘点表（见表3—25）

表 3—25　　年度物品盘点表

2012 年年度物品盘点表　　NO：Y010001

部　门：餐 饮 部　　班　组：酒　吧　　盘点日期：2012 年 12 月 31 日

盘点周期范围：2012 年 1 月 1 日 至 2012 年 12 月 31 日

物品编号	货品名称	规格类别	单位	去年量	进货	出货	报损	存余
0100001	海波杯	350 mL	只	102	80	30	60	92
0101040	方形口布	45 cm×45 cm	条	50	70	20	20	80
0102080	平底煎锅	300 mm	口	20	10		5	25
0203120	咖啡机	全自动	台	2				2
0204001	客用餐桌	1.5 m×1.5 m	张	15	2	1	1	15

盘点人员：________　监督人员：________　财务人员：________

第一联：计划财务部　　第二联：部门或班组　　第三联：管事部存档

2. 盘点表的填写

以月盘点表为例（见表 3—26）。

表 3—26　　月度物品盘点表

2013 年 1 月月度物品盘点表　　NO：M010001

部　门：餐 饮 部　　班　组：酒　吧　　盘点日期：2013 年 1 月 31 日

盘点周期范围：2013 年 1 月 1 日至 2013 年 1 月 31 日

物品编号	货品名称	规格类别	单位	上月量	进货	出货	报损	存余
0100001	海波杯	350 mL	只	50	60	5	15	90
0101040	方形口布	45 cm×45 cm	条	20	10	1	1	28
0102080	平底煎锅	30 mm	口	30	2		1	31
0203120	咖啡机	全自动	台	2				2
0204001	客用餐桌	1.5 m×1.5 m	张	15	2	1	1	15

盘点人员：______　监督人员：________　财务人员：________

第一联：计划财务部　　第二联：部门或班组　　第三联：管事部存档

（1）标题

表格标题位于整个表格的最上方中间位置，从标题可以看出物品盘点表的类别，如月度盘点表、季度盘点表或年度盘点表。

（2）表格编号

表格编号在整个表格的右上方。不论是年度、季度还是月度的盘点表格，在表格的右上角 NO 后面分别有一个不同的英文字母。如下所示：

1）月度盘点表的字母是 M，代表的英文单词是 Monthly，译成中文是月度的意思。

2）季度盘点表的字母是 Q，代表的英文单词是 Quarter，译成中文是季度的意思。

3）年度盘点表的字母是 Y，代表的英文单词是 Year，译成中文是年度的意思。

这样不但可以从编号的第三个字母上明确地辨别出物品盘点表所代表的盘点时间周期，而且在做物品盘点表格登记时也可以依照这个字母将数字号码相同的表格区分开来。

表格编号中的阿拉伯数字部分，数字的前两位是 01 代表的意思是“物品”，后面的四位数代表的是每张表格的专属号码。

如下举例说明：

编号是：NO：Y010001 的物品盘点表格，其编号的意思就是：年度物品盘点表的第 0001 号表格。

（3）部门

填写进行物品盘点工作的部门名称。

（4）班组

填写进行物品盘点工作的班组名称。

（5）盘点日期

指的是填写盘点当日的日期。

（6）盘点周期范围

是根据盘点时间周期进行起算日期和结算日期的填写。

（7）物品编号

指的是每一个物品都有自己独一无二的数字编号，这样便于对物品的精确识别和准确的分类管理。工作人员可以通过对编号的解读来准确地识别出它内在的含义。

比如：0100001 号货品，将数字拆分成 01—00—001

1）在物品编号中，前两位 01 的意思是低值易耗物品类的代码；如果前两位数字是 02，此号代表的就是固定资产。

固定资产和低值易耗品可以根据需要放在同一张盘点表上一起进行盘点，也可根据分类分别放在两张盘点表上进行盘点。但不论是否分开分类盘点，其各自的前两位编号 01 或 02 是固定不变的。这样便于盘点人员和相关工作人员对物品是否属于固定资产进行快速准确的识别。

2）第三位和第四位数字的含义

①第三位和第四位是 00，代表的是客用杯具或客用餐具。

②第三位和第四位是 01，代表的是所有棉织品。

③第三位和第四位是 02，代表的是后厨或食品操作间用具。

④第三位和第四位是 03，代表的是电器设备类物品。

⑤第三位和第四位是 04，代表的是家具，如桌椅等。

3）其余最后的三位数字代表的是货品自身的序列编号。但因各个酒店或酒吧的物品类别不同，编码也不同，相应的字母或数字含义也会有所不同。

（8）货品名称

货品名称指的是每件物品专有的文字名称。

（9）规格类别

规格类别指的是每件物品相应的规格或相对应的类别。

（10）单位

单位是指单件物品的数量单位。

（11）上月量

上月量指的是月度盘点中上一个月月末盘点时的库房物品余存量。

季度盘点表上是上季量，指的是上个季度末盘点时的库房物品余存量。年末盘点表上是去年量，指的是全年年末盘点时库房物品的余存量。

（12）进货

进货指的是本月、本季度或本年度内每种物品各自的总进货量。

（13）出货

出货指的是本月、本季度或本年度内每种物品各自的总出货量。

（14）报损

报损指的是本月、本季度或本年度内每种物品的报损总量。

（15）余存

余存指的是本月、本季度或本年度内每种物品各自的库存量。

核算公式：存余＝原有量（上月量、上季量或去年量）＋进货量－出货量－报损量盘点人员只负责填写存余量，其他的数量以及相关核算是由财务部门负责的。

（16）盘点人员

在盘点完毕后，盘点负责人需要在此栏处签字确认。

（17）监督人员

监督人员要对盘点全过程进行监督指导，以保证盘点数据的真实和有效性。

（18）财务人员

财务人员要在盘点过程中进行实地账目核对与检查或抽查，做到减小或避免出现差错。

3. 酒吧物品的补充方法

酒吧的物品是否齐全，数量是否充足，直接影响着酒吧的工作能否正常运作。如果物品补充不齐全或不及时，很可能会影响服务工作的进行，直接影响服务质量。

酒吧物品补充一般是通过库房提货和外部采购这两种途径进行的。

（1）库房提货

工作人员填写物品提货单，经相关领导签字批准后，可直接从酒店的物品库房提取相应的物品进行补充。

库房物品提货单（见表3—27）是酒吧工作人员从库房提取所需物品时需要填写和报批的单据。

表3—27　　酒店物品提货单

酒店物品提货单　　NO：A010001

部门：餐 饮 部　班组：酒　吧　日期：2012年02月10日

序号	货品编号	货品名称	货品规格	所需量	实发量	单价	总金额
01	0100001	海波杯	350 mL	36	36		
02	0101040	方形口布	45 cm×45 cm	10	10		
03	0102080	平底煎锅	30 mm	2	0		
04	0100005	热 饮 杯	250 mL	30	30		

总计金额：

部门主管：　　批 准 人：

库管人员：　　提货人员：

第一联：财务部（白）　第二联：库房存根（粉）　第三联：部门存根（黄）

1）单据号码，NO：A010001，其中的字母 A 是 Article，是物品的意思。

2）部门：填写提货的部门名称。

3）班组：填写提货班组的名称。

4）日期：填写单据的当日日期。

5）序号：序号的作用在于所提货品种类的数量。

6）货品编号：是每种货品特有的唯一编号，便于库管员或财务人员更准确地对所提的货品进行识别。

7）货品名称：是货品本身的文字名称。

8）货品规格：货品的规格，比如，尺寸、容量、功率等。

9）所需量：是指使用部门班组所需要的提货量。

10）实发量：是指库房实际发出的货品数量。

11）单价：是指货品本身的进货单价，即成本单价。

12）总金额：某种货品的提货总量和其单价的乘积就是总金额。此项是由财务部相关人员进行核算后填写。

13）总计金额：是指所提的所有货品的金额的总和。此项是由财务部相关人员进行核算后填写。

14）部门主管：部门领导审批后签字。

15）批准人：指的是如果提用某些贵重货品时需要酒店高层领导的签字批准，这时需要高层领导在批准人处签字批准。

16）库管人员：需要库管人员对其所发的货品核对，确认无误后签字。

17）提货人员：提货人员在对所提货品进行检查确认后签字，证明货品已被提取。

18）备注说明：通常提货单据一式三联，第一联由财务保留，第二联是库房保留备查，第三联是提货的部门或班组保留作为底单。

(2) 外部采购

是指酒吧所缺少的物品是库房存货中没有的，这时需要填写物品采购单，经相关领导批准后从酒店外部的市场上进行单独购买。

酒吧需要从外部采购物品时，通常先要填写物品采购单（见表 3—28）交给采购部门，然后由采购部门按照采购单上的物品目录以及物品的相关信息进行物品的采购。

1）单号：单号的设置是为了更好地进行单据查询和相关记录，编号前段的字母 P 是单词 Purchase 的第一个字母，意思是采购。

表3—28　　物品采购单

<table>
<tr><td colspan="9">物品采购单　　　　NO：P0100001</td></tr>
<tr><td colspan="9">部门：餐 饮 部　　班组：大堂酒吧　　申购日期：××××年××月××日</td></tr>
<tr><td>序号</td><td>货品名称</td><td>规格</td><td>应备量</td><td>现有量</td><td>需购量</td><td>单价</td><td>总计</td><td>供应商</td></tr>
<tr><td>01</td><td>利口杯</td><td>60 mL</td><td>120</td><td>20</td><td>100</td><td></td><td></td><td></td></tr>
<tr><td>02</td><td>扎啤杯</td><td>500 mL</td><td>100</td><td>30</td><td>70</td><td></td><td></td><td></td></tr>
<tr><td>03</td><td>果汁杯</td><td>330 mL</td><td>300</td><td>100</td><td>200</td><td></td><td></td><td></td></tr>
<tr><td colspan="6"></td><td colspan="3">总计金额：　　元</td></tr>
<tr><td colspan="9">申购人：×××　　部门经理：××　批准人：×××
采购部经理：×××　采购人员：××
第一联：采购部（白）　第二联：财务部（粉）　第三联：申购部门（绿）</td></tr>
</table>

2）部门：是指申购物品的部门。

3）班组：是指具体申购物品的某一个部门下属的某一个班组。

4）申购日期：填写物品采购单的日期。

5）序号：可以很方便地识别出需要采购物品的种类的数量。

6）货品规格：所需采购货品的相关规格。

7）应备量：是指通常酒吧或库房应该备有的标准库存量。

8）现有量：是指现在酒吧或库房中实际库存的数量。

9）需购量：是指需要从外部采购货品的数量。

10）单价：是所需采购货品的单价，此项由采购部门的采购人员填写。

11）总计：采购某一类货品所需要的总共金额。此项由采购部门的采购人员填写。

12）总计金额：是指采购单上所有采购的货品价值的总和。此项由采购部门的采购人员填写。

13）申购人：一般是指申购物品方的负责人签字。

14）部门经理：部门经理签字批准同意采购所需物品。

15）批准人：如果采购贵重物品或成本较高、数量较大的物品时，批准人一栏需要由饭店的相关领导签字确认。

16）采购部经理：此栏是由采购部经理签字，目的是表示接到申购单，做好申购准备。

17）采购人员：是指专门负责采购货品的工作人员签字栏。

18）备注：将不同颜色的单据联交由规定的部门进行保管，以便查找核实或记录。

技能要求

一、操作准备

酒店物品提货单、笔。

二、操作步骤

1. 关注物品缺失的情况

记录缺失物品的名称、规格和剩余量。酒吧物品补充周期可根据各个酒吧不同情况进行。

2. 向当班领导汇报

报知当班的领班或当班主管，由当班的领班或当班主管根据酒吧物品存有量进行备货。

3. 制订补充饮料的方案

主管或经理会根据饮料的进货渠道和整体销售量决定采取何种方案进行酒水的应急补充。提货方案首先要选择库房提货，如库房存货量不能达到补充标准时，再实施外部采购方案。

（1）库房提货

1）确认库房存货量可以提供酒吧物品的补充。

2）正确、完整填写物品提货单。

3）按照库房提货流程进行提货。

（2）外部采购

1）确认库房存货量无法支持酒吧物品补充。

2）正确、完整地填写采购单。

3）验收并开出收货凭据。货品采购回来后要由收货部门验收，验收合格后方可开出收货凭据单表示认可货品（见表 3—29）。

表 3—29　　申购货品收货凭据

申购货品收货凭据					NO：R0200001		
序号	货品名称	规 格	进货量	单价	总金额	供应商	申购单号
01	利口杯	60 mL	100	×.×元	×××元	××××厂	W0100001
02	扎啤杯	500 mL	70	×.×元	×××元	×××公司	W0100001
03	果汁杯	330 mL	200	×.×元	×××元	×××公司	W0100001
04	/	/	/	/	/	/	/
						总计：××××.×元	
申购部门：餐饮部　申购班组：大堂酒吧　货品验收人：							
收货部：　收货人：							
第一联：收货部（白）　第二联：财务部（粉）　第三联：领货部门（绿）							

4）由申购方派人到收货部签收货凭据领走相应的货品。当提货人员将货品提回后先进行货品统计入账，然后方可投入使用。

【思考与练习】

1. 酒吧盘点的定义。
2. 酒吧营业中饮料补充的方法及先后顺序。
3. 酒吧饮料日盘点的流程。
4. 酒吧饮料月盘点的流程。
5. 酒吧饮料年盘点的流程。
6. 酒吧物品月盘点的流程。
7. 酒吧物品季度盘点的流程。
8. 酒吧物品年度盘点的流程。
9. 酒吧物品的补充方法和先后顺序。
10. 酒吧固定资产和低值易耗品补充的区别。